Selber bauen
mit Holz *im Garten*

EVAMARIE STADE
Selber bauen mit Holz im Garten
Praxis Schritt für Schritt

EINLEITUNG

HOLZPROJEKTE FÜR DEN GARTEN

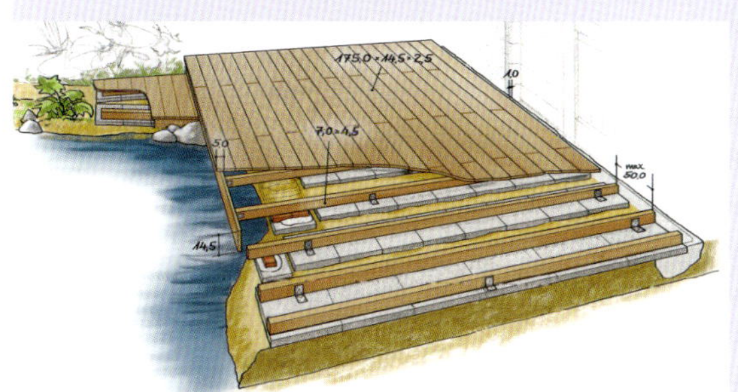

Vorwort

Das Vergnügen am Garten hat viele Facetten. Zu den schönsten gehört wohl die Freude, sich darin wohnlich einzurichten: mit einer Terrasse inmitten der Blumen, vielen verschiedenen Sitzplätzen, mit farbigen Blumenkübeln oder einem praktischen und gleichzeitig hübschen Raum für Geräte. Jeder, der einen Garten besitzt und mit ihm lebt, kann aus dem Stegreif eine Fülle von Wünschen und Ideen nennen, die er gern verwirklichen würde.

Besuche in Gärten und Parks, Gartenbücher und Gartenzeitschriften bieten schließlich reichlich Anregungen.

Längst gibt es ein unerschöpfliches Angebot an schönen und praktischen Dingen für den Garten in Baumärkten und Gartencentern zu kaufen, vom farbigen Blumentopf bis zum komfortablen Gartenhaus. Aber da jeder Garten so einmalig wie die Menschen ist, die ihn bewohnen, ist fertig Gekauftes nicht immer das Richtige. Es macht viel mehr Spaß, eigene Ideen umzusetzen, manchmal spart es auch noch Geld und nach getaner Arbeit kann man stolz sein eigenes Werk bewundern.

Kein Material ist dafür besser geeignet als Holz. Es ist leicht zu bearbeiten, einfach zu besorgen, lange haltbar und relativ preiswert. Als natürliches Material, das auch verwittert schön aussieht, fügt es sich gut in die grüne Umgebung ein und farbig gestrichen lassen sich damit interessante Akzente setzen (und mit dem nächsten Anstrich wieder verändern).

Warmes Holz unter den Füßen: Eine Terrasse wie diese ist Maßarbeit.

Dünne Bretter, dicke Bohrer

Die Auswahl an Holzarten ist groß und die an Leisten, Brettern, Kanthölzern und Bohlen, die als Gartenholz angeboten werden, noch viel größer. Wer mit Bohrmaschine und Säge umgehen kann, etwas Geduld und Sorgfalt mitbringt sowie Spaß an handwerklicher Arbeit hat, entdeckt beim Bauen mit Holz im Garten eine Fülle von Möglichkeiten – und oft auch die eigene Kreativität.

Die Vorschläge in diesem Buch zeigen nur einen kleinen Teil dessen, was sich mit Holz bauen lässt. Einige der Projekte sind so einfach, dass auch handwerkliche Laien sie auf Anhieb bewältigen können, andere setzen mehr Können voraus und sollten erst mit gewachsener Erfahrung und Übung in Angriff genommen werden (den Schwierigkeitsgrad der einzelnen Projekte finden Sie im Praxisteil des Buches vermerkt). Ein Großvorhaben wie die Baumbank zum Beispiel ist nichts für den Einstieg, auch wenn sie noch so gut in den Garten passen würde. Es gibt jedoch ähnliche Bänke als Bausatz und es kann eine gute Übung sein, sie aus vorgefertigten Teilen zusammenzubauen und dann nach eigenen Wünschen zu streichen. Oder fertigen Sie für den Anfang doch nach der Anleitung im Buch einen Blumenkübel an, der zur restlichen Garteneinrichtung passt – vier Varianten stelle ich Ihnen vor, da ist sicher etwas Schönes für Sie dabei.

Ein Lehrbuch für Hobby-Zimmerleute kann und will dieses Buch nicht sein. Die Kapitel über Holzarten und ihre Verwendung, über Holzschutz und Holzverbindungen können jedoch bei der Planung und Realisierung eigener Bauvorhaben helfen. Außerdem machen sie es leichter, sich zwischen den verwirrend vielen Produkten im Baumarkt zurechtzufinden.

Noch ein Wort zu Werkzeug und Arbeitsplatz: Nichts ist frustrierender als eine Bohrmaschine, die plötzlich ausfällt oder eine Säge, deren Sägeblatt schon nach ein paar Schnitten stumpf ist. Und nichts ist ärgerlicher als ein Werkstück, das schief wird, weil keine vernünftige Arbeitsfläche zur Verfügung stand. Damit das Bauen wirklich Spaß macht, braucht man gutes Werkzeug und einen einigermaßen geräumigen Platz mit festem, ebenem Boden, auf dem man sicher steht und nicht ständig über Material stolpert. Aber diese Voraussetzungen sind leicht zu erfüllen; für den Anfang kann ja die Garage in eine Werkstatt auf Zeit verwandelt werden.

In diesem Sinne: Viel Vergnügen!

Mit Holz verkleidet wird aus der Mörtelwanne ein ansehnlicher Pflanzkübel.

Welches Holz für welchen Zweck?

Die meisten für den Garten angebotenen Hölzer sind Nadelhölzer, allen voran **Kiefer** und **Fichte**. Sie sind reichlich vorhanden und daher preiswert, außerdem leicht zu bearbeiten und ebenmäßig in der Struktur.

Unbehandelt sind diese Hölzer allerdings wenig widerstandsfähig gegen Wind und Wetter und halten ohne Schutzanstriche nur wenige Jahre. Sie eignen sich aber für kleine Bauten, die dem Regen wenig ausgesetzt

Gute Baumärkte bieten eine große Auswahl an verschiedenen Gartenhölzern.

sind und keinen Erdkontakt haben. Der Vorteil aller unbehandelten Hölzer: Sie können ohne Bedenken kompostiert oder verbrannt werden, wenn sie morsch geworden sind, denn sie enthalten ja keine umweltbelastenden Stoffe.

Um die Haltbarkeit zu verbessern, wird Kiefern- und Fichtenholz mit einer Kesseldruckimprägnierung versehen, die jahrelang Schutz gegen Feuchtigkeit und Fäulnis bietet. **Kesseldruckimprägniertes Holz** (KDI) ist für alle Verwendungszwecke im Garten geeignet und in zahlreichen Formaten als Pfosten, Dielen oder Konstruktionsholz zu bekommen. Es sollte allerdings nicht direkt in die Erde eingegraben werden, wie es früher bei Pfosten und Palisaden üblich war, denn Dauerfeuchtigkeit schadet dem Holz doch; außerdem können Imprägniersalze in den Boden ausgewaschen werden.

Ganz ohne chemischen Schutz kommen **Lärchen-**, **Douglasien-** und **Rotzederholz** aus, denn sie enthalten von Natur aus imprägnierende Inhaltsstoffe. Sie sind teurer als kesseldruckimprägniertes Holz, aber mindestens ebenso haltbar und für alle Bauten im Garten geeignet. Alle drei haben einen leicht rötlichen Farbton, der erhalten bleibt, wenn man sie regelmäßig mit Öl streicht. Ohne Behandlung nehmen sie im Lauf der Jahre einen silbergrauen Ton an.

Auch **Eiche** wird seit einigen Jahren als Konstruktionsholz für den Garten angeboten. Das schwere Holz enthält viele Gerbstoffe und ist dadurch gut gegen Verrottung und Insektenbefall geschützt. Eichenpfähle können sogar in die Erde eingegraben werden – die auf dem Land üblichen Weidezäune beweisen das. Für Terrassendielen werden zunehmend Tropenhölzer wie **Bangkirai** oder

Möbel aus druckimprägniertem Holz oder Teak können das ganze Jahr draußen stehen.

Bongossi angeboten. Sie sind hart, schwer und sehr haltbar, weil sie von Natur aus resistent gegen Pilze und Insekten sind.

Das edelste und teuerste Tropenholz ist **Teak**, ebenfalls von Natur aus gegen Wasser, Pilz- und Insektenbefall resistent. Es wird vor allem für Möbel und Terrassenbeläge verwendet. Achten Sie besonders bei Tropenhölzern darauf, dass diese das FSC-Siegel für kontrollierten Anbau haben; je preiswerter das Holz, desto wahrscheinlicher, dass es aus illegalem Einschlag stammt.

Werkzeuge – Was braucht man wirklich?

Hammer, Zange, Fuchsschwanz und ein paar Schraubendreher gibt es sicher in jedem Haushalt, vielleicht auch eine Bohrmaschine, eine Stichsäge und einen Satz Maulschlüssel. Mit diesen Werkzeugen kann man schon eine ganze Menge anfangen, doch wer Spaß am Arbeiten mit Holz im Garten haben will, stockt den Werkzeugbestand besser noch etwas auf. Eine gute **Akku-Bohrmaschine** mit Rechts-Linkslauf ist zum Beispiel unverzichtbar. Sie wird zum Bohren und Schrauben bei jedem Werkstück gebraucht, und hilft auch dort, wo

Alles da? Wenn es mit dem Bauen losgeht, sollte das Werkzeug bereitliegen.

es keine Steckdose gibt oder ein Kabel nur stört. Ein **Bohrständer**, in den die Bohrmaschine eingespannt werden kann, ist ein sinnvolles Zubehör: so werden die Bohrungen exakt lotrecht.

Auch beim Sägen geht es nicht ohne Elektrogeräte, auch wenn mit einem guten **Fuchsschwanz** und einer **Feinsäge** sowie einer **Gehrungslade** eine Menge anzufangen ist; in der Gehrungslade lassen sich Leisten exakt gerade (90 Grad) oder mit 45-Grad-Schrägung schneiden.

Die **Stichsäge** ist für feinere Arbeiten und Formschnitte nützlich, die **Handkreissäge** für alle anderen Zuschnitte. Wer viel baut, sollte sich eine **Kapp**- und **Gehrungssäge** anschaffen, denn damit gelingen alle Schnitte, ob schräg oder gerade, absolut winkelgerecht; für ein einziges größeres Bauvorhaben kann man sich eine solche Säge auch im Baumarkt ausleihen.

Wer seine Leidenschaft fürs Bauen entdeckt und gerne Möbel bauen möchte, wird sich früher oder später eine **Tischkreissäge** anschaffen; dafür ist dann aber auch eine richtige Werkstatt sinnvoll.

Kanten kann man mit dem **Schleifblock** und Schleifpapier brechen, und auch zum Glätten von kleineren Flächen reicht dieses Hand-Werkzeug aus; bei größeren Objekten sind jedoch leicht mehrere Meter Kanten zu bearbeiten und quadratmeterweise Flächen zu schleifen. Das geht mit einem **Excenterschleifer** nicht nur schneller, sondern auch viel besser. Um Kanten perfekt abzurunden oder Pfosten mit Profil zu versehen, ist eine **Oberfräse** das richtige Gerät.

Bei vielen Holzverbindungen müssen Pfosten oder Kanthölzer ausgeklinkt werden. Dafür braucht man außer der Stich- oder Feinsäge

Eine Außensteckdose ist praktisch, denn nicht alle Geräte gibt es mit Akku.

auch **Stechbeitel** verschiedener Breite und einen **Gummihammer** zum Herausschlagen des Materials.

Mindestens einen **Zollstock** besitzt sicher jeder. Zusätzlich ist ein langes Bandmaß sinnvoll, mit dem die Eckpunkte eines Gartenschuppens oder die Pfostenpositionen bei einem Zaun eingemessen werden können.

Ein **Tischlerwinkel** hilft, Hölzer winkelgerecht anzuzeichnen; da nicht nur rechtwinklige Schnitte vorkommen, sollte er verstellbar sein. Absolut unverzichtbar beim Ausrichten von Bauteilen ist eine **Wasserwaage**, oder besser gleich zwei: eine handliche kurze wird für kleine Werkstücke gebraucht und eine lange für große Bauten wie zum Beispiel eine Terrasse.

Schraubzwingen in verschiedenen Längen sind nützlich, um Werkstücke an der Arbeitsplatte zu fixieren oder beim Verleimen zusammenzupressen; je mehr es gibt, desto besser. Beim Verleimen großer Bauteile kann auch mit **Spanngurten** für den nötigen Druck gesorgt werden. Welche Werkzeuge Sie für die Stücke in diesem Buch benötigen, steht jeweils zu Beginn eines Projektes.

Konstruktiver Holzschutz

Feuchtigkeit stellt die größte Gefahr für Holz im Freien dar, denn durchfeuchtetes Holz bietet beste Bedingungen für holzzerstörende Pilze und Insekten. Der sicherste und umweltfreundlichste Holzschutz ist deshalb der konstruktive: Er besteht darin, das Holz so zu verbauen, dass es nicht dauerhaft feucht bleibt oder – umgekehrt – schnell abtrocknen kann, wenn es bei Regen oder Schnee nass geworden ist.

Waagerechte Flächen, auf denen Wasser stehenbleibt, müssen – wo immer möglich – vermieden werden. Besonders die Stirnkanten sind gefährdet, denn die quer durchschnittenen Holzfasern saugen Feuchtigkeit geradezu auf. Deshalb werden Zaunpfosten oben abgeschrägt oder mit einer **Abdeckung** geschützt, Zaunlatten schräg geschnitten oder mit einem **Profil** versehen und Rankgitter oben mit einer waagerecht aufgesetzten **Leiste** abgeschlossen.

Bei Pergolen werden die Sattelbalken und Reiter an den langen Kanten angefast und an den Enden nach innen abgeschrägt, damit eine **Tropfkante** entsteht und das Wasser nicht über die Stirnseiten des Balkens fließt. Terrassen sollten immer so gebaut werden, dass sie ein **Gefälle** haben; verlegen Sie die

Pfosten halten sehr lange, wenn sie mit Abstand vom Boden in Pfostenankern stehen.

Dielen am besten in Gefällerichtung, weil das Wasser dann am schnellsten abläuft.

Wo immer möglich, wird Holz so verbaut, dass es gut **umlüftet** ist und nach Regen- oder Schneefällen im Wind **schnell trocknet**. Bei Pergolen ist das kein Problem, denn sie stehen meist frei, sodass von allen Seiten Luft an das Holz kommt. Wenn sie dicht berankt sind, halten die Pflanzen zwar den Wind ab, aber auch den Regen. Ähnlich ist es bei Rankgittern, die als Zaun oder berankter Sichtschutz an der Terrasse zwischen Pfosten gesetzt sind. Rankgitter an der Hauswand werden auf mindestens 5 cm lange **Klötzchen**, **Winkel** oder andere **Abstandhalter** gesetzt, damit sie gut hinterlüftet sind.

Bei Holzterrassen ist eine Luftzirkulation möglich, weil die Dielen mit zentimeterbreiten Fugen auf einem Balkenlager verlegt sind, das mindestens 10 cm Abstand vom Boden hat; üblicherweise ist das eine dicke, wasserdurchlässige Schicht Schotter. Dauerhaften Erdkontakt vertragen nur extrem wenige Hölzer. In den Boden eingegrabene Pfosten und Palisaden verrotten besonders an der Übergangsstelle zwischen Erde und Luft, weil dort mit Feuchtigkeit und Sauerstoff ideale Bedingungen für holzzerstörende Organismen herrschen. Deshalb verwendet man **Pfostenanker**, die in den Boden einbetoniert werden. Die untere Stirnkante des Pfostens steht darin ein paar Zentimeter über dem Boden und ist damit gut gelüftet. Palisaden setzt man auf eine dicke Schicht Schotter, durch die Wasser schnell versickert, und schützt sie mit einer Lage Folie gegen den direkten Kontakt mit Erde.

Große Dachüberstände halten bei Gartenhäusern und Schuppen Schlagregen ab, doch ganz können sie nicht verhindern, dass die

Sattelbalken und Reiter der Pergola sind abgeschrägt und haben damit eine Tropfkante.

Wände mal nass werden. Wenn sie mit senkrecht angebrachten Brettern verschalt sind, läuft Regen ohnehin schnell ab. Bei waagerechter Verbretterung mit Nut- und Federbrettern ist darauf zu achten, dass die Feder immer nach oben weist (und die Nut nach unten), denn dann kann kein Wasser in die Nut laufen und dort stehen bleiben. Waagerecht verarbeitete Glattkantbretter werden am besten mit **Stülpschalung** angebracht. Dabei überlappen sich die Bretter von oben nach unten, sodass die obere Längskante verdeckt ist. Ganz perfekt wird diese Wandverkleidung, wenn die Unterkante der Bretter zur Wandseite hin leicht abgeschrägt wird und damit eine Tropfkante hat.

Chemischer Holzschutz

Der Querschnitt zeigt anhand der Farbunterschiede, wie tief die Imprägnierung ins Holz eingedrungen ist.

Holz verdankt seine Härte vor allem dem **Lignin**, einem Stoff, der in die Zellen eingelagert wird und sie verholzen lässt. Lignin wird allerdings leicht durch **UV-Licht** zersetzt. Bei einem lebenden Baum spielt das keine Rolle, weil die Borke einen guten Schutz bietet. Brettern, Balken und Bohlen fehlt dieser Schutz jedoch und das Holz wird unter dem Einfluss von UV-Licht spröde. Das führt dazu, dass Feuchtigkeit leicht eindringen kann und sich lange hält. Im feuchten Milieu finden

Pilze und **Insekten** ideale Bedingungen. Pilzmyzel durchwächst das Holz, Insekten fressen sich tief hinein und schließlich ist es morsch und zerfällt einfach.

Manche Hölzer sind von Natur aus mehr oder weniger resistent gegen holzschädigende Organismen. Die meisten aber müssen chemisch gegen Insekten- und Pilzbefall geschützt werden.

Bei Kiefernholz geschieht das meist durch **Tauch**- oder **Kesseldruckimprägnierung**. Tauchimprägnierung bedeutet, dass die Hölzer mehrere Stunden in Wannen mit Imprägniersalzlösung gelegt werden; die Lösung zieht dabei einige Millimeter tief ins Holz ein. Bei der Kesseldruckimprägnierung werden die Imprägniersalze mit Druck ins Holz gepresst und dringen mehrere Zentimeter tief ein. Als Orientierungshilfe für Verbraucher gibt es das **RAL-Gütezeichen** für imprägnierte Hölzer, in dem Produktionsjahr, Hersteller, Holzschutzmitteltyp und Verwendungszwecke angegeben sind. Viele Hersteller geben auch Garantien für die Haltbarkeit des Holzes. Wie tief die Imprägnierung reicht, ist im Anschnitt gut zu erkennen: Außen herum ist das Holz durch die Imprägnierung dunkel, in der Mitte, die unbehandelt geblieben ist, ist es deutlich heller. Wenn imprägnierte Pfosten gekürzt oder Kanthölzer der Länge nach halbiert werden, ist die ursprüngliche Rundum-Imprägnierung nicht mehr intakt und die Schnittstellen müssen mit **Holzschutzmitteln** getränkt werden. Darüber hinaus brauchen imprägnierte Hölzer keinen Schutz.

Für unbehandelte Hölzer, die über keine natürliche Resistenz verfügen, gibt es Holzschutzmittel zum Streichen. Es ist leicht herauszufinden, welches die Richtigen sind: Nur Produkte, die biozide Wirkstoffe enthalten, also gegen Pilz- und Insektenbefall schützen, dürfen als Holzschutzmittel bezeichnet werden. Es gibt dünnflüssige **Grundierungen**, die einige Millimeter tief ins Holz eindringen, wenn sie satt aufgetragen werden, sowie **Holzschutz-Lasuren**, die mehr oder weniger tief ins Holz einziehen und zusätzlich Pigmente enthalten, die eine Schicht auf der Holzoberfläche bilden und dadurch auch gegen UV-Licht schützen. Wird das Holz zunächst mit Holzschutzmittel grundiert, muss es anschließend mit einer Lasur oder deckenden Farbe gestrichen werden, damit auch ein Schutz gegen UV-Licht und Feuchtigkeit gegeben ist.

Hölzer mit einer natürlichen Resistenz brauchen all das nicht. Sie werden höchstens mit pigmentierten **Ölen** gepflegt, die gegen Feuchtigkeit und Licht schützen. Außerdem erhalten sie die natürliche, meist schön kräftige Holzfarbe.

Holzöle erhalten den ursprünglichen Farbton und schützen gegen Feuchtigkeit.

Anstriche fürs Holz

Die meisten Anstrichmittel für Holz im Garten enthalten keine bioziden Wirkstoffe. Sie übernehmen vielmehr die Funktion, die die Borke von Gehölzen hat: Sie bilden eine pigmentierte Haut, durch die das Holz gegen Feuchtigkeit und UV-Strahlen geschützt wird. So-lange diese Haut keine Lücken hat, ist alles in Ordnung.

Moderne Anstrichmittel bilden eine solche dauerelastische, wasserundurchlässige Schicht auf dem Holz, die zum Schutz gegen UV-Licht Pigmente enthält. Deckende, far-

Kräftige Farben: Dieses Gartenhaus ist zu jeder Jahreszeit ein hübscher Anblick.

bige Anstriche sind meist wasserbasiert und
können ohne weitere Vorbereitung immer
wieder übergestrichen werden. Das macht
die Verarbeitung im Vergleich zu früher, als
alte Schichten immer vollständig abgeschliffen
werden mussten, erheblich einfacher.
Daneben gibt es Lasuren und Öle. Beide dringen ins Holz ein und machen es wasserabwei-
send. Die Maserung bleibt sichtbar, doch Pigmente im Holzton oder anderen Farben geben
Schutz gegen UV-Strahlen. Lasuren und Öle
werden satt aufgetragen und können jederzeit
ohne weitere Vorarbeiten erneuert werden.
Je dicker die Schicht auf der Holzoberfläche
ist, desto wirksamer der Schutz gegen UV-
Strahlen. In diesem Punkt sind **deckende
Farben** den Lasuren und Ölen überlegen.
Voraussetzung ist nur, dass der Anstrich keine
Risse oder Schadstellen bekommt, durch die
Feuchtigkeit eindringen kann. Sie unterwan-
dert die Deckschicht und führt dazu, dass sie
abfällt. In einem solchen Fall hilft es nur, die
schadhaften Stellen bis ins gesunde Holz zu
schleifen, Holzschutzgrundierung aufzutragen
und dann überzustreichen.
Bei **Lasuren** kann die Schutzschicht nicht
rissig werden, sie verliert ihre Wirkung aber,
wenn die Pigmente durch Wind und Wetter
ausgewaschen werden. Bei Dünnschicht-
Lasuren geschieht das schneller als bei
Mittel- oder Dickschichtlasuren. Wann der
Anstrich erneuert werden muss, erkennt man
leicht daran, dass die Farbe verblasst. Bei
Flächen, die mit **Holzölen** behandelt wurden,
perlt das Wasser nicht mehr ab wie zu Beginn
und das Holz sieht grauer aus.
So wichtig Pigmente im Anstrichmittel sind,
so wichtig ist auch der Farbton. Sehr helle
Töne enthalten bei Lasuren und Ölen weniger
Pigmente als dunkle und schützen daher

Druckimprägniertes Holz braucht bei hellen
Farbtönen meist einen zweifachen Anstrich.

weniger. Dunkle Töne führen andererseits
dazu, dass sich das Holz stärker erwärmt. Das
hat besonders im Winter starke Temperaturschwankungen und damit Materialspannun-
gen zur Folge, die die Elastizität von deckenden Anstrichen auf eine harte Probe stellen.
Ist der Anstrich schon älter und damit weniger elastisch, kommt es leicht zu Schäden.
Für die meisten Hölzer, auch die druckim-
prägnierten, gibt es inzwischen **Spezialöle**,
die gegen Feuchtigkeit schützen und den
natürlichen Holzton erhalten. Auch Lasuren
gibt es in vielen Holztönen.
Wer es gerne farbiger hat, ist vielleicht
zunächst enttäuscht, denn die Farbpalette
der deckenden oder lasierenden Anstrichmittel ist eher begrenzt. Das wird jedoch dadurch ausgeglichen, dass die Farben untereinander mischbar sind, wenn man bei einer
Produktlinie und einem Hersteller bleibt.
Bei imprägnierten Hölzern kann die Imprägnierung besonders bei hellen Farbtönen
durchschlagen. Das lässt sich vermeiden,
wenn man das Holz erst einmal ein paar
Wochen abwittern lässt und dann streicht.

Holzverbindungen und Ankerpfosten

Für die meisten Bauprojekte reicht es, ein paar einfache Holzverbindungen zu beherrschen und zu wissen, welche Holzverbinder für welchen Zweck geeignet sind. Holzverbinder sind Beschläge aus Stahlblech, die mit kleinen Bohrungen für Nägel und/oder größeren Bohrungen für Schrauben versehen sind. Sie erleichtern die Arbeit enorm und bieten sehr viel Stabilität.

Der einzige Nachteil: Sie sehen nicht besonders schön aus und deshalb werden sichtbare Holzverbindungen meist auf traditionelle Weise hergestellt. Sie setzen mehr handwerkliche Fähigkeiten, vor allem aber Sorgfalt und gutes Werkzeug voraus. Wenn aber erst einmal die Ausklingen gelingen und die Ausschnitte in den beiden Hölzern, die zusammengefügt werden sollen, genau ineinander passen, ist alles ganz einfach.

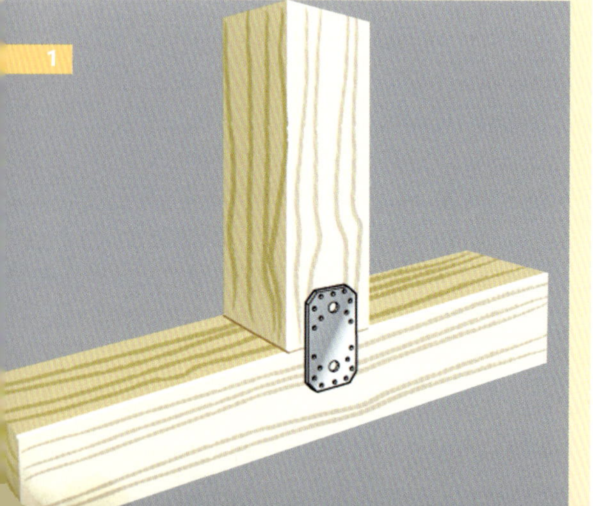

1 Verwenden Sie Flachverbinder, wenn Hölzer in einer Ebene stumpf zusammengesetzt werden sollen. Neben rechteckigen Laschen gibt es auch T-Verbinder in unterschiedlichen Stärken und Größen. Mit Lochplatten und Lochplattenstreifen lassen sich lange Strecken überbrücken, zum Beispiel bei Dachkonstruktionen.

2 Winkelverbinder gibt es in vielen Größen, Breiten und Stärken als einfache Winkel, die zum Anbringen einer Dachlatte am Balken dienen, bis zu Schwerlastwinkelverbindern, die mit einer Sicke versehen und so gut wie nicht zu verbiegen sind. Mit Lochplattenwinkeln (Bild) lassen sich kräftige Balken sowohl in der Vertikalen als auch in der Horizontalen verbinden.

3 Für tragende Balkenverbindungen gibt es Balkenschuhe unterschiedlicher Größe mit innen- oder außenliegenden Laschen. Bei Schuhen mit innenliegenden Laschen (Bild) ist weniger Metall zu sehen, sie sind aber nicht so verwindungssteif wie die mit außenliegenden Laschen. Für Balken mit Sondermaßen gibt es zweiteilige Balkenschuhe.

4 Für Schrägverbindungen, zum Beispiel bei einem Dachstuhl, werden Sparrenpfettenanker (Bild) verwendet. Praktisch sind auch Vielzweckverbinder mit geschlitzten Schenkelenden, die sich in nahezu jede Neigung biegen lassen. Auch Lochplattenwinkel (90 Grad) und Streben- oder Kopfbandverbinder (135 Grad) lassen sich hier einsetzen.

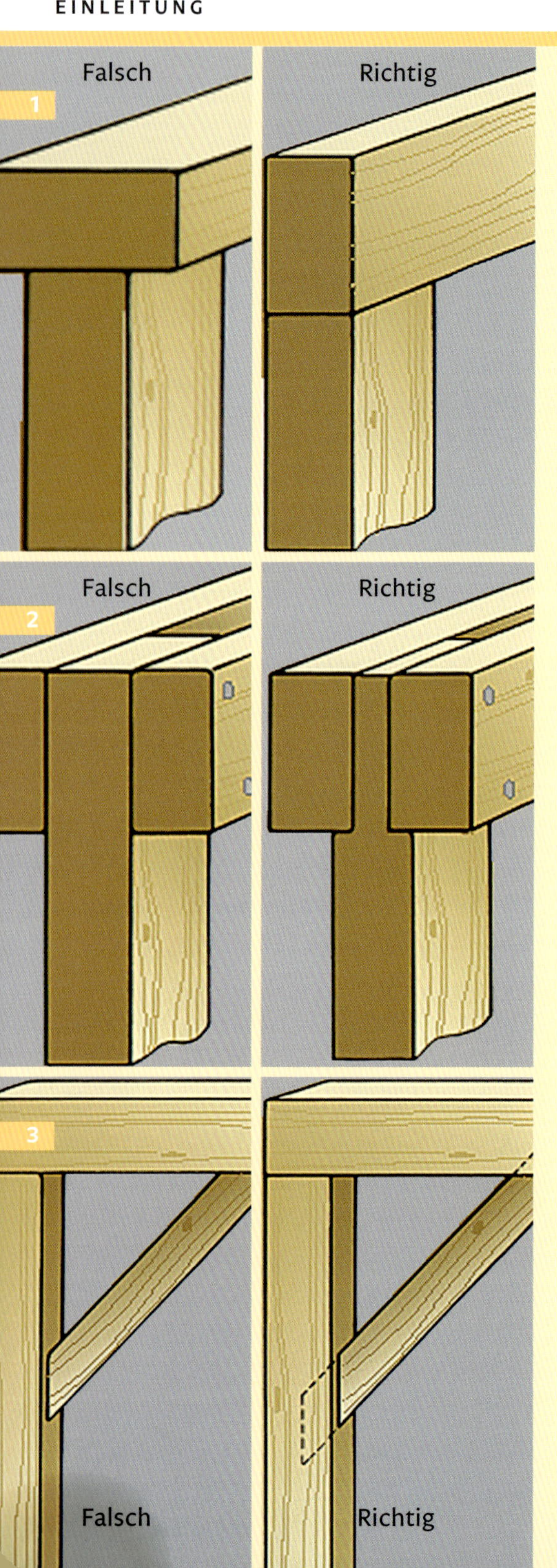

1 Wie tragfähig eine Verbindung ist, hängt auch davon ab, wie die Hölzer zusammengefügt werden. Waagerecht verbaute Balken müssen immer hochkant auf den Pfosten liegen, denn flach verlegt biegen sie sich leichter durch.

2 Zangenkonstruktionen sind stark belastbar, vorausgesetzt, der Pfosten wird beidseitig etwas ausgeklinkt, sodass die Waagerechten zum Teil auf dem Pfosten liegen. Werden sie einfach angenagelt, tragen nämlich nur die Nägel das Gewicht.

3 Ein waagerechtes Kantholz auf Pfosten ist bei Seitenwind nicht stabil. Deshalb werden Kopfbänder eingesetzt, die die Ecken aussteifen. Sie sollten nicht nur genagelt, sondern in die beiden Balken eingelassen und verleimt werden.

4 Bei Überblattungen werden die beiden Hölzer jeweils um die Hälfte der Materialstärke ausgeklinkt, sodass sie flächenbündig und verschiebesicher ineinanderliegen. Die Verbindung sollten Sie mit Nägeln oder Bolzen sichern. Wird nur eines der Hölzer ausgeklinkt, nennt man die Verbindung Aufkämmung.

5 Verstrebungen wie zum Beispiel Kopfbänder können auch mit Stirnversatz stabil verbunden werden. Dabei wird die Spitze der schräg geschnittenen Strebe rechtwinklig abgesägt, eine passgenaue Ausklinkung (Versatz) dafür ausgearbeitet. Die Versatztiefe beträgt ein Sechstel der Holzstärke.

6 Für Verbindungen, die statisch nicht belastet sind, reichen auch Nägel aus. Wird durch ein waagerechtes Holz in die Stirnfläche des senkrechten Holzes genagelt, setzt man den Nagel schräg an und schlägt auch von der Gegenseite Nägel ein.

1 Wenig durch Winddruck oder Gewicht belastete Pfosten können mit leichten Stützschuhen verankert werden. Fast unsichtbar und auch für runde Pfosten gut geeignet sind Modelle mit einer Dolle, auf die der mit einer passenden Bohrung versehene Pfosten aufgesteckt wird. Die Bodenplatte des Stützschuhs wird zusätzlich verschraubt.

2 Ganz ähnlich ist dieser Stützschuh; der Pfosten wird jedoch im U-förmigen Schuh verschraubt. Zwischen Stützschuh und Pfosten soll immer etwas Luft bleiben! Die Dolle, die einbetoniert wird, ist hier aus Riffelstahl, um die Kontaktfläche zum Beton zu vergröbern und zu vergrößern. Beim ersten Stützschuh ist sie am Ende leicht gebogen.

3 H-Anker sind geeignet, die Pfosten von Sichtschutzzäunen zu verankern und gegen Umkippen zu sichern, denn sie haben besonders lange und am Ende gebogene Schenkel. Sie sind in verschiedenen Größen zu bekommen.

4 Wo es nicht möglich ist, mit Betonfundamenten zu arbeiten, verwendet man Stützschuhe zum Aufschrauben. Je länger die Schenkel sind, desto höher ist die Belastbarkeit in vertikaler Richtung. Für die Lagerbalken von Holzterrassen, die auf Betonplatten verankert werden, nimmt man Modelle dieser Art.

5 Um die H-Anker einzubetonieren, kleidet man das Loch mit einem Rahmen aus, der waagerecht ausgerichtet wird und hängt den Anker über zwei Hilfsleisten hinein. Beton angießen und den Anker noch einmal justieren.

6 Einschlagbodenhülsen und Erdschrauben bieten die einfachste Möglichkeit, Pfosten zu verankern, ohne sie in den Boden einzugraben. Sie sind für leichte Zäune und statisch nicht besonders belastete Bauten geeignet. Praktisch sind Einschlagbodenhülsen überall dort, wo der Boden durchwurzelt ist und nicht gegraben werden kann.

Holzprojekte für den Garten

Vom Frühjahr bis zum Herbst spielt sich ein großer Teil des Lebens im Garten ab. Er wird mit Möbeln, Kübeln, Rankwänden oder Spielgeräten so eingerichtet, wie es den Wünschen und Erfordernissen seiner Bewohner entspricht. Eine besonders große Vielfalt bietet Selbstgebautes, das man nach Lust und Laune gestalten kann. Versuchen Sie sich an einem Projekt aus diesem Buch und Sie werden sehen: Das Ergebnis ist sicher so, wie Sie es sich vorgestellt haben und Sie werden stolz darauf sein.

Erklärung der Schwierigkeitsgrade:

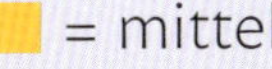

■ = leicht   ■ = mittel   ■ = schwer

Blumenkübel

Buchskugeln links und rechts von der Haustür, Oleander auf der Terrasse und ein Apfelbäumchen auf dem Balkon: Ohne Kübelpflanzen kommt kein Pflanzenliebhaber aus. Die Leidenschaft für schöne Gewächse im Topf stößt allerdings bei Pflanzgefäßen häufig an Grenzen, denn die schönen sind teuer, oft auch zu schwer oder nicht frostfest. Die einfachen, funktionalen Kunststofftöpfe dagegen bringen schöne Gewächse einfach nicht genügend zur Geltung. Was ihnen fehlt, ist der richtige Rahmen. Und der lässt sich mit selbstgebauten Kübeln leicht und preiswert schaffen. Hübsch sehen Paare oder kleine Gruppen aus.

Mit oder ohne Boden

Die vier verschiedenen Übertöpfe zeigen Grundformen, die ihrerseits wieder abgewandelt werden können. Alle können, müssen aber nicht mit Boden gebaut werden. Die Böden ersetzen die sonst notwendigen Kübelfüße, denn der Topf steht darauf etwas erhöht und überschüssiges Wasser kann durch die Fugen zwischen den Bodenbrettern leicht ablaufen.

Wenn der Kübel direkt bepflanzt werden soll, **muss** er mit stabiler Folie ausgekleidet sein.

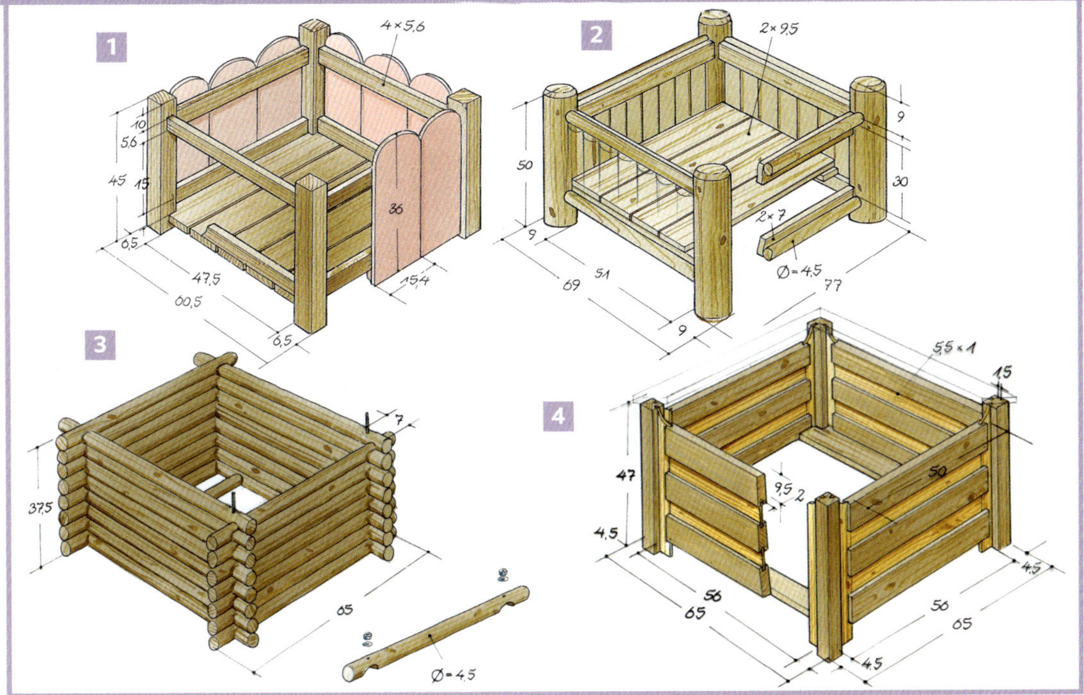

1 Wände aus terracottafarbenen Biberschwanz-Ziegeln

3 Wie ein Blockhaus aus Rundhölzern gebaut.

2 Klassisch mit sichtbarem Rahmen und Holzfüllungen.

4 Zusammengesteckt mit Nut- und Feder-brettern in zwei Farben.

Material

Alle Holzteile sind aus druckimprägnierter Kiefer.

Biberschwanzkübel:
- 12 Ziegel Biber Rundschnitt, 154 × 360 mm
- 4 Pfosten 65 × 65 × 40 mm
- 8 Querstreben 40 × 56 × 475 mm
- 5 Bretter 20 × 90 × 530 mm
- 32 Holzdübel Ø 8 × 50 mm

Kübel aus Halbpalisaden:
- 4 Rundpalisaden Ø 90 × 500 mm
- 4 Rundpalisaden (quer) Ø 45 × 650 mm
- 4 Rundpalisaden (quer) Ø 45 × 550 mm
- 2 Rollen-Halbpalisaden ca. 300 × 1500 mm
- 2 Bodenriegel 20 × 70 × 500 mm
- 4 Querriegel 20 × 70 × 580 mm
- 5 Bodenbretter 20 × 95 × 600 mm

Kübel aus Rundhölzern:
- 32 Rundhölzer Ø 45 × 650 mm
- 2 Gewindestangen Ø 8 × 1000 mm
- 8 Muttern und Unterlegscheiben M8

Kübel aus Nut- und Federbrettern:
- 4 Pfosten 45 × 45 × 470 mm
- 12 Seitenbretter 20 × 95 × 500 mm
- 4 obere Rahmenbretter 20 × 50 × 660 mm
- 2 untere Querbretter 20 × 95 × 590 mm
- 8 Querfedern 10 × 55 × 590 mm
- 8 senkrechte Federn 10 × 70 × 580 mm
- 5 Bodenbretter 20 × 55 × 470 mm

Werkzeug

Bohrmaschine mit Bohrern und Forstnerbohrer, Tischkreissäge, Kapp- und Gehrungssäge, Schraubzwingen, Spanngurte

Schwierigkeitsgrad: 🟩

Biberschwanzkübel

1 Die vier Pfosten werden genau rechtwinklig auf Länge geschnitten. Am besten geht das mit der Kappsäge. Die Schnittfläche glätten und die Kanten leicht brechen. Die Schnittflächen müssen zum Schluss satt mit Holzschutzmittel gestrichen werden.

2 Pfosten und Querstreben werden mit Holzdübeln verbunden. Dafür je zwei Sacklöcher in die Stirnseiten der Querstreben bohren, Dübelmarker einsetzen, Querstreben an die Pfosten ansetzen, die Bohrpunkte mit den Dübelmarkern kennzeichnen und die Pfosten mit Bohrungen versehen. Verwenden Sie einen Bohrständer, damit die Bohrungen genau lotrecht werden.

3 Dann setzen Sie die Dübel mit wasserfestem Leim ein und fügen je zwei Pfosten und zwei Querstreben zusammen. Mit Schraubzwingen zusammenpressen und prüfen, ob alle Verbindungen genau rechtwinklig sind. Wenn der Leim getrocknet ist, leimen Sie die beiden Elemente mit den übrigen vier Querstreben zum Geviert zusammen und fixieren Sie sie wieder mit Schraubzwingen.

4 Die Biberschwanzziegel werden angeschraubt. Sie haben bereits zwei Bohrungen kurz über der Unterkante, eine dritte unterhalb der Rundung wird jetzt nachträglich mit dem Steinbohrer gemacht.

Kübel aus Halbpalisaden

1 Die Pfosten bei diesem Kübel sind Rundhölzer. Messen Sie den Umfang und vierteln Sie ihn. Dann markieren Sie die Mittelpunkte der Löcher, in die die Querstreben eingesetzt werden. Während des Bohrens liegen die Rundhölzer in einem aus einem Brett und zwei Leisten selbstgebauten Gestell. Die mit einem Forstnerbohrer gefertigten Löcher haben 45 mm Durchmesser und sind 30 mm tief. Verwenden Sie auch hier unbedingt einen Bohrständer.

2 Die Halbpalisaden werden auf je zwei Riegel geschraubt, die unten und oben etwa 40 mm überstehen. Dadurch entstehen stabile Platten, die sich gut an den Rundholzstreben verschrauben lassen.

3 Die Querstreben werden an den Enden auf etwa 45 Grad abgeschrägt und dann in die Pfosten geleimt. Spannen Sie die Teile oben und unten mit Spanngurten zusammen, damit der zum Verleimen nötige Anpressdruck gegeben ist

4 Die Palisadenplatten von innen gegen die Querstreben setzen und von innen durch die Riegel in die Streben schrauben. Wenn der Kübel einen Boden bekommen soll, einfach Einlegebretter passend zuschneiden. Die unteren Riegel dienen als Auflage.

Kübel aus Rundhölzern

1 Schneiden Sie als Erstes die Rundhölzer alle auf eine Länge. Das geht mit der Kappsäge schnell und präzise. Anschließend die Kanten oben und unten leicht brechen und die Schnittflächen mit Holzschutzmittel tränken.

2 Bauen Sie sich aus einem Brett und zwei Leisten eine Lade, in der zwei Rundhölzer nebeneinander fest liegen. Dann durchbohren Sie beide oben und unten mit dem 45-mm-Forstnerbohrer. Die Höhe der Bohrungen sollte vorher auf allen Hölzern angezeichnet sein. Anschließend im Mittelpunkt der Auskerbung das Loch für die Gewindestange bohren. Nehmen Sie einen 14-mm-Bohrer, dann hat die Stange etwas Spiel.

3 Der Kübel wird wie ein Blockhaus zusammengebaut. Die Rundhölzer liegen zwar fest aufeinander, doch richtigen Halt gibt erst die Gewindestange. Nehmen Sie Stangen, Unterlegscheiben und Muttern aus Edelstahl oder Messing, damit es später keine Probleme mit Rost gibt. Der Kübel soll schließlich im Freien stehen.

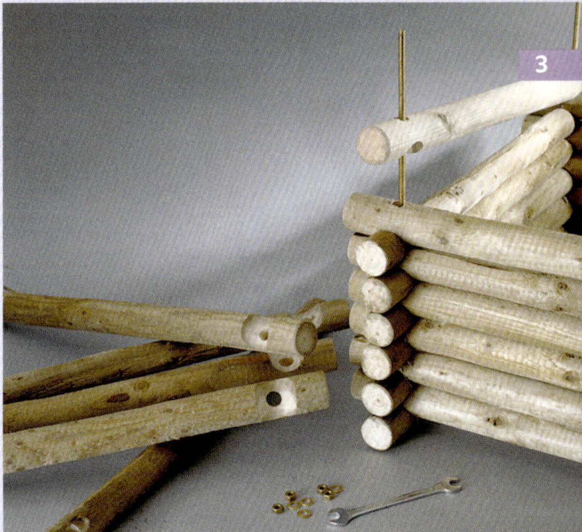

4 Erst am unteren Ende Unterlegscheiben auf die Stange schieben und die Mutter bündig aufschrauben. Dann machen Sie dasselbe von oben und ziehen die Mutter fest an. Das überstehende Ende der Gewindestange mit der Eisensäge abschneiden und die scharfen Kanten entgraten.

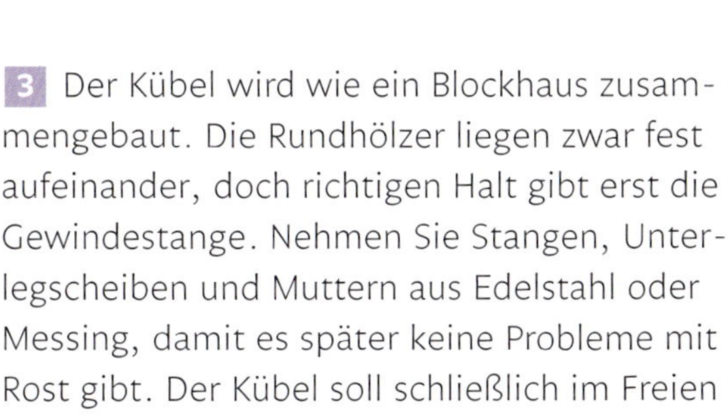

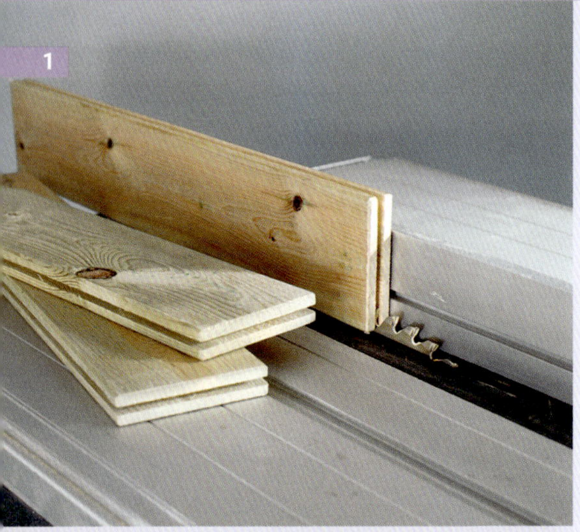

Kübel aus Nut- und Federbrettern

1 Dieser Kübel ist nach dem Nut- und Feder-Prinzip mit unterschiedlich dicken Brettern gebaut. Als Erstes werden vier der dicken Bretter an der Tischkreissäge rundum mit einer 5 mm tiefen und 10 mm breiten Nut versehen. Nuten Sie die restlichen acht Bretter nur an einer langen und den beiden kurzen Seiten.

2 Die Seiten werden nun aus drei dicken und zwei dünnen Brettern (Federn) zusammengeleimt. Mit Schraubzwingen zusammenpressen und trocknen lassen, leimen Sie dann die senkrechten Federn ein.

3 Auch die Pfosten werden an zwei Seiten mit Nuten versehen. Geben Sie Leim in die Nuten und setzen Sie dann die fertigen Wandteile ein. Der Rahmen muss exakt im rechten Winkel sein. Sie können das überprüfen, indem Sie die beiden Diagonalen messen: Sie müssen gleich lang sein.

4 Mit langen Schraubzwingen werden die Verleimungen zusammengepresst, bis sie trocken sind. Dann die oberen Rahmenbretter an den Enden auf Gehrung schneiden und aufleimen. Leimen Sie als Letztes die beiden unteren Querbretter zwischen die Pfosten.

Blumentreppe

Für große Kübelpflanzen ist der richtige Platz auf Balkon oder Terrasse leicht zu finden. Aber wohin mit den kleineren Töpfen? Auf dem Boden nebeneinandergestellt sehen sie dürftig aus, werden sie dagegen in Gruppen arrangiert, ist von denen in der hintersten Reihe nichts mehr zu sehen.

Viel besser stehen Pflanzen in kleinen Töpfen auf der Blumentreppe: Hier bekommt jede einen Platz in der ersten Reihe und die oft knappe Stellfläche reicht für mehr als die doppelte Zahl an Pflanzgefäßen. Erstaunlicherweise hilft die Blumentreppe auch, wenn es viel Platz auf der Terrasse gibt, aber nur wenige Pflanzen. Sie füllt nämlich viel mehr Raum als die zwei, drei Töpfchen, die darauf hübsch in Szene gesetzt sind.

Schafft Platz und spart Platz

So viel Platz die Blumentreppe als Stellfläche schafft, so wenig nimmt sie ein, wenn sie für den Winter eingeräumt werden soll. Die beiden Böden lassen sich nämlich herunterklappen, sobald vier Schlossschrauben gelöst sind, und dann steht das ganze Möbel flach an der Wand. Die einzige Pflege, die sie braucht, ist von Zeit zu Zeit ein frischer Anstrich.

Untersetzer brauchen die Töpfe nicht, denn das gestrichene Holz ist gut gegen Wasser geschützt.

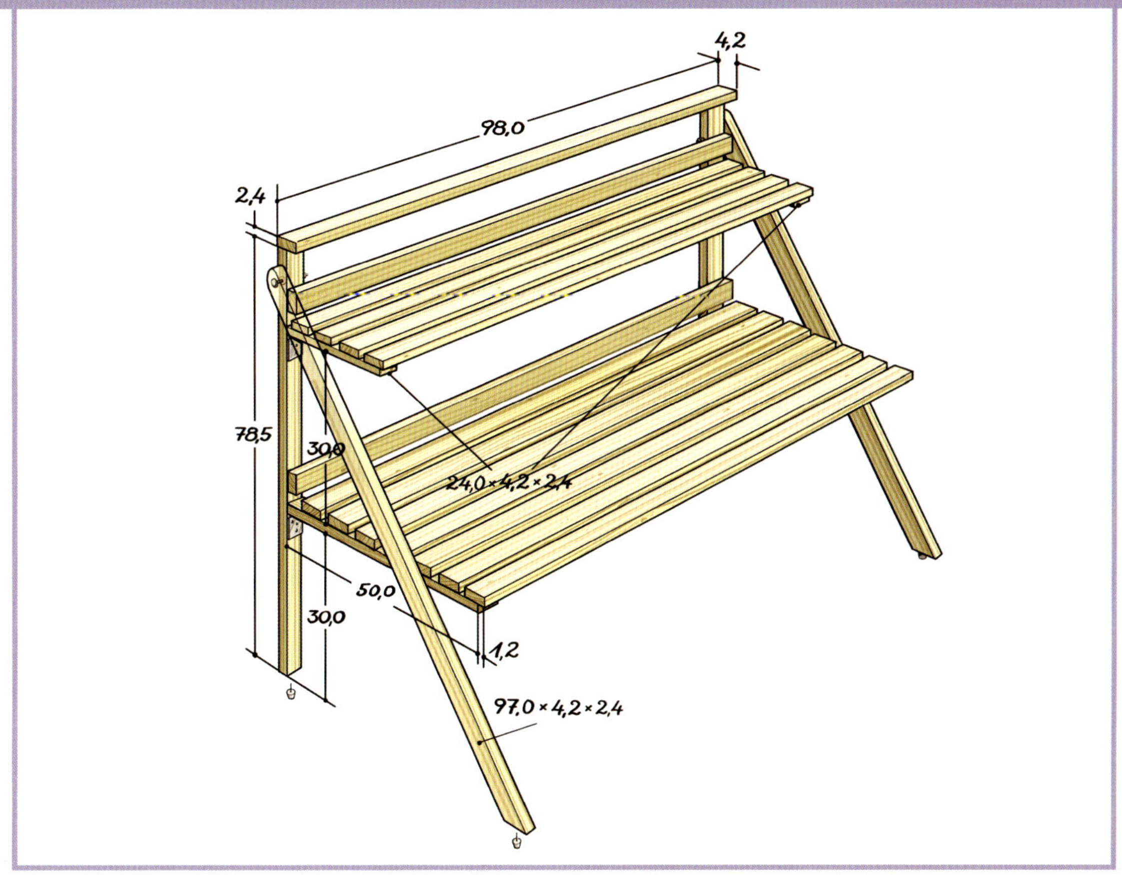

Die Blumentreppe kann schmaler gebaut werden, aber nicht breiter als hier gezeigt, denn die Böden würden an Tragfähigkeit verlieren.

Material

Die Treppe ist aus Leisten aus unbehandeltem Kiefernholz (4,2 × 2,4 cm).

Für das Gestell:
- 3 Stück à 98 cm,
- 2 Stück à 78,5 cm
- 2 Stück à 97 cm

Für die Stellflächen:
- 11 Stück à 98 cm
- 2 Stück à 24 cm
- 2 Stück à 50 cm

außerdem:
- 4 Kunststofffüße 15 × 8 mm
- 6 Edelstahl-Schlossschrauben M8 × 80 mm
- Unterlegscheiben
- Zahnringe
- 4 Scharniere aus Messing
- verzinkte Schrauben
- wasserfester Leim D4, PU-Leim
- Kunstharzlack oder Lasur

Werkzeug

Bohrmaschine mit Bohrern und Schrauberbits, Bohrständer, Handsäge, Raspel, Pinsel

Schwierigkeitsgrad: ■

1 Als Erstes werden alle Leisten zugeschnitten. Sägen Sie die Bretter für die schrägen Beine auf 97 cm Länge und für die senkrechten Beine auf 78,5 cm. Die Leisten für die Lattenroste und damit auch die Querleisten sollten nicht länger als 100 cm sein, denn sonst sind die Stellflächen nicht mehr tragfähig genug. Die Querstücke unter den Lattenrosten sind 50 cm bzw. 24 cm lang. Mithilfe einer Gehrungslade gelingen auch mit einer Handsäge exakte Schnitte.

2 Die oberen Enden der schräg stehenden Beine werden abgerundet. Ein Glas dient dabei als Schablone für die Rundung. Schneiden Sie die Form zunächst mit der Handsäge grob zu und arbeiten Sie sie dann mit einer Raspel exakt heraus.

3 Anschließend bohren Sie die Löcher für die Schlossschrauben vor, mit denen je ein senkrechtes mit einem schrägen Bein verbunden wird. Auch die Löcher für die Verbindungen zwischen den schräg stehenden Beinen und Stellflächen können Sie jetzt schon bohren. Insgesamt sind das drei Punkte pro Bein: das erste Loch bei 2 cm, das zweite bei 19 cm und das dritte bei 56 cm. Bohren Sie die Löcher am besten mithilfe des Bohrständers, dann werden sie lotrecht.

4 Aus den gleichlang geschnittenen Leisten bauen Sie die Stellflächen zusammen. Die Schmalere besteht aus vier, die Breitere aus sieben Leisten. Legen Sie die Leisten mit 2,4 cm dicken Abstandsklötzchen auf eine ebene Fläche. Die verbindenden Querstücke werden mit PU-Leim wasserfest verleimt und verschraubt; sie sollen mit der Vorderkante der Stellfläche bündig sein. Die Schraublöcher in den Querstücken unbedingt vorbohren.

5 Das unbehandelte Holz braucht auf jeden Fall einen lückenlosen Anstrich, damit keine Feuchtigkeit eindringen kann. Soll die Blumentreppe einen hellen Farbton bekommen, grundieren Sie sie weiß und lackieren sie dann zweimal. Der Anstrich wird perfekt, wenn Sie die Flächen vor dem Grundieren und zwischen den Anstrichen schleifen.

6 Verbinden Sie dann die beiden senkrechten Beine mit den drei hinteren Querleisten. Die oberste, aufliegende Leiste wird verleimt und verschraubt, die beiden anderen sind nur verleimt – eine bei 8 cm, die andere bei 42 cm (jeweils Oberkante der Leiste). Diesen Rahmen legen Sie auf eine ebene Fläche, setzen die Stellflächen rechtwinklig direkt unter die Querleisten und schrauben sie mit Scharnieren an die senkrechten Beine.

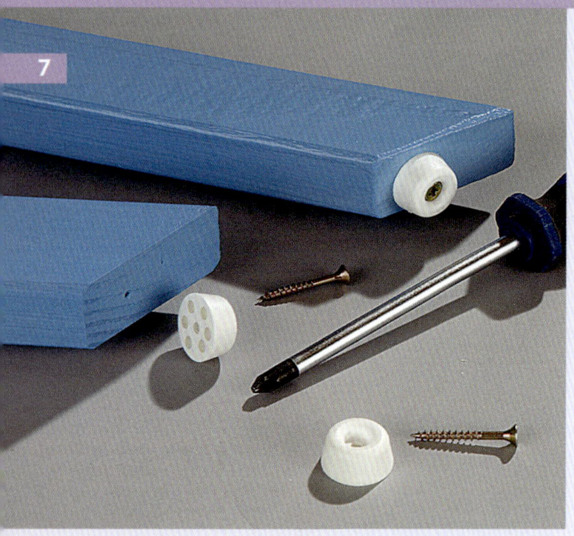

7 Damit die Blumentreppe lange hält, wird sie mit Kunststofffüßen versehen. Die untergeschraubten Teile verhindern, dass das Holz direkten Kontakt mit dem oft nassen Boden hat. Gerade an den Schnittkanten zieht leicht Feuchtigkeit ins Holz ein.

8 Befestigen Sie zum Schluss die schräg stehenden Beine mit Schlossschrauben. Legen Sie Unterlegscheiben zwischen die Holzteile und eine Unterlegscheibe plus Zahnring unter die Mutter. So können die gestrichenen Flächen nicht aneinanderscheuern und beschädigt werden.

9 Wenn die Blumentreppe nicht mehr gebraucht wird oder ins Winterquartier umziehen soll, drehen Sie die Schlossschrauben heraus und klappen die Böden nach unten. So kann sie platzsparend an die Wand gestellt oder gehängt werden.

Terrasse am Wasser

Je näher man ihm kommt, desto faszinierender ist ein Gartenteich. Deshalb ist eine Terrasse, die etwas über dem Wasser liegt, einer der schönsten Plätze im ganzen Garten. Sie wird im Prinzip genauso gebaut wie jede andere Holzterrasse. Da jedoch jeder Teich eine andere Form hat und die Fläche für die Unterkonstruktion niemals so rechteckig ist wie bei einer normalen Terrasse, ist eine genaue Planskizze hier besonders wichtig.

Von dieser Terrasse können Kinder sogar segeln gehen. Aber auch zum Beobachten der Tiere im Teich ist dies der beste Platz.

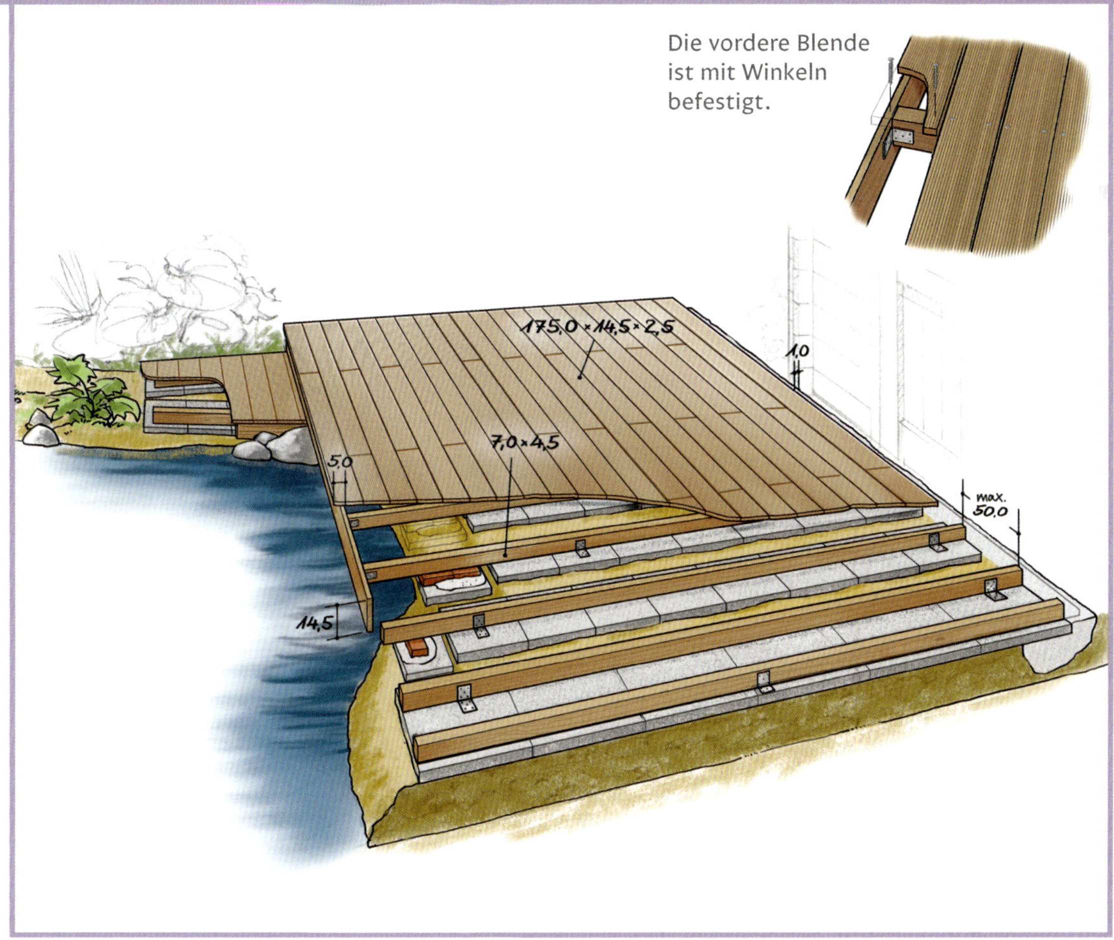

Das Balkenlager für die Terrasse wird dem Platz am Teich angepasst.

Material

Die Zahl und Länge der Unterkonstruktions-
balken sowie der Dielen hängt von der Größe
der Terrasse ab. Die hier verwendeten System-
Dielen werden endlos verlegt und haben kaum
Verschnitt; zur Ermittlung der Menge können
laufende Meter gemessen werden. Bei normalen Dielen zählt die Deckbreite.

- Unterkonstruktionshölzer 70 × 100 mm
- Dielen 145 × 25 mm

außerdem:
- Edelstahlschrauben
- verzinkte Winkel
- 50 mm lange Schrauben und Dübel

Werkzeug

- Bohrmaschine mit Bohrern und
  Schrauberbits
- Handkreissäge
- Kapp- und Gehrungssäge
- Wasserwaage
- Zollstock
- Lammfellrolle mit Stiel

Schwierigkeitsgrad: ▪

1 Wenn die Terrasse an ein Haus grenzt, muss sie ein Gefälle in Richtung Garten haben, in Querrichtung aber exakt waagerecht ausgerichtet sein. Zunächst wird der Boden im Bereich der Terrasse ausgekoffert, mit Schotter und Sand gefüllt und gerade abgezogen, dann werden Betonplatten als Fundament für die Lagerhölzer verlegt und mithilfe der Wasserwaage genau ausgerichtet.

2 Grenzt die Terrasse an eine gepflasterte Fläche oder (wie hier) an die Schwelle eines Gartenhäuschens, müssen die Fundamentplatten deutlich tiefer liegen, damit keine Stufe entsteht. Dieses Maß ergibt sich, wenn Sie die Stärke von Dielen- und Unterkonstruktionshölzern (hier 25 + 70 = 95 mm) addieren.

3 Wenn am Teichufer keine ganze Gehwegplatte mehr Platz hat, weil das Gefälle zu stark ist, muss improvisiert werden. Meist ist es möglich, ein bisschen tiefer genügend Auflagefläche für ein Plattenstück zu finden. Die Höhendifferenz lässt sich dann mit Klinker- oder Pflastersteinen ausgleichen, die in ein Zementmörtelbett gesetzt werden. Die Steine müssen unbedingt frostfest sein; einfache Ziegelsteine sind für diesen Zweck nicht geeignet, weil sie im Winter platzen können.

4 Die Lagerhölzer lassen sich am einfachsten mit der Kappsäge auf Länge schneiden. Bei druckimprägniertem Kiefernholz müssen die Schnittkanten satt mit Holzschutzmittel getränkt werden, da die Imprägnierung an diesen Stellen sonst fehlt.

5 Die Lagerhölzer liegen – möglichst mittig auf den Fundamentplatten – in einem Abstand von maximal 50 cm. Sie dürfen nicht weiter als 30 cm über das Fundament hinausragen, da sie sonst zu sehr schwingen und die Stabilität der Fläche gefährden. Lagerhölzer werden grundsätzlich hochkant verlegt, weil sie sich dann nicht durchbiegen.

6 Wenn die Lagerhölzer auf den Platten nach Wasserwaage längs und quer ausgerichtet sind, werden sie auf den Fundamentplatten mit Winkeln befestigt. Dafür die Winkel anlegen, die Schraubpunkte am Holz und der Fundamentplatte anzeichnen, vorbohren, Dübel in die Platte einsetzen und die 50 mm langen Schrauben eindrehen.

7 Die Terrasse wird perfekt, wenn man die Lage jeder einzelnen Diele auf den Lagerhölzern anzeichnet, statt mit Abstandsklötzchen zu arbeiten. Das Maß ergibt sich aus Dielen- plus Mindestfugenbreite (hier 145 + 5 = 150 mm). Wenn Sie nach dieser Methode arbeiten, verlaufen die Dielen garantiert auf der ganzen Deckbreite parallel.

8 Die Schraublöcher sollten unbedingt vorgebohrt werden. Ist die erste Dielenreihe mit zwei Schrauben pro Lagerholz befestigt, zieht man eine Linie über diese Schraubenköpfe auf die nächste Diele. So ergeben sich auf der gesamten Fläche saubere Reihen von Schrauben.

9 Bei einigen Terrassensystemen haben die Dielen an den Enden besondere, ineinandergreifende Profile, durch die sie quasi endlos verlegt werden können. Anders als bei einfachen Dielen dürfen die Stöße hier nicht über den Lagerhölzern liegen, da das Wasser dann nicht durchlaufen kann und Staunässe entsteht.

10 Eine mit Schraubzwingen am äußeren Lagerholz fixierte Anschlagleiste ist eine gute Hilfe beim Verlegen der Dielen. Sie garantiert zumindest an einer Seite eine exakt gerade Kante.

11 Die Schrauben werden höchstens oberflächenbündig ins Holz eingedreht. Würden sie versenkt, entstünden kleine Wassersammelstellen, an denen das Holz durchfeuchtet.

12 An einer Seite wird beim Dielenverlegen mit Anschlagleisten gearbeitet, an der anderen stehen die Dielen ungleichmäßig über. Sägen Sie sie ganz zum Schluss mit der Handkreissäge ab. Fehlt nur noch die Blende an der Wasserseite: Sie wird mit Winkeln an den Unterkonstruktionshölzern befestigt.

13 Terrassendielen müssen nicht unbedingt geölt werden, denn ob druckimprägnierte Kiefer, Lärche, Douglasie oder Tropenhölzer – alle sind wetterfest. Ohne Schutz vergrauen sie durch UV-Einstrahlung jedoch im Lauf der Zeit und das ist nicht immer erwünscht. Es gibt für die meisten Holzarten spezielle Öle, mit denen sich der Farbton immer wieder auffrischen lässt. Sie glätten die Holzoberfläche und machen sie wasser- und schmutzabweisend. Tragen Sie sie am besten mit einer Lammfellrolle am Stiel auf.

Frühbeet

Für Gärtner dauert der Winter immer etwas zu lange. Und wenn die Tage endlich länger werden und die Sonne wärmer scheint, muss es losgehen mit der Aussaat von Salat, Gemüse und Sommerblumen. Ein Frühbeetkasten ist dabei unentbehrlich. Er bietet mehr als einen halben Quadratmeter Fläche und kann an verschiedenen Orten genutzt werden. Stellen Sie ihn z. B. auf das Gemüsebeet über die an Ort und Stelle ausgesäten Pflanzen.

Farbe macht fröhlich

Außerdem ist er mit seinem frischen Frühlingsgrün auch ein hübscher Blickfang im sonst noch kahlen Garten. Der Anstrich ist natürlich nicht nur Schmuck, sondern auch Schutz für das unbehandelte Holz. Wenn er alle paar Jahre erneuert wird, hat der Kasten ein langes Leben vor sich und Sie können sich an vielen Generationen neuer Pflanzen erfreuen.

Zum Lüften kann der Deckel in zwei Stufen aufgestellt werden.

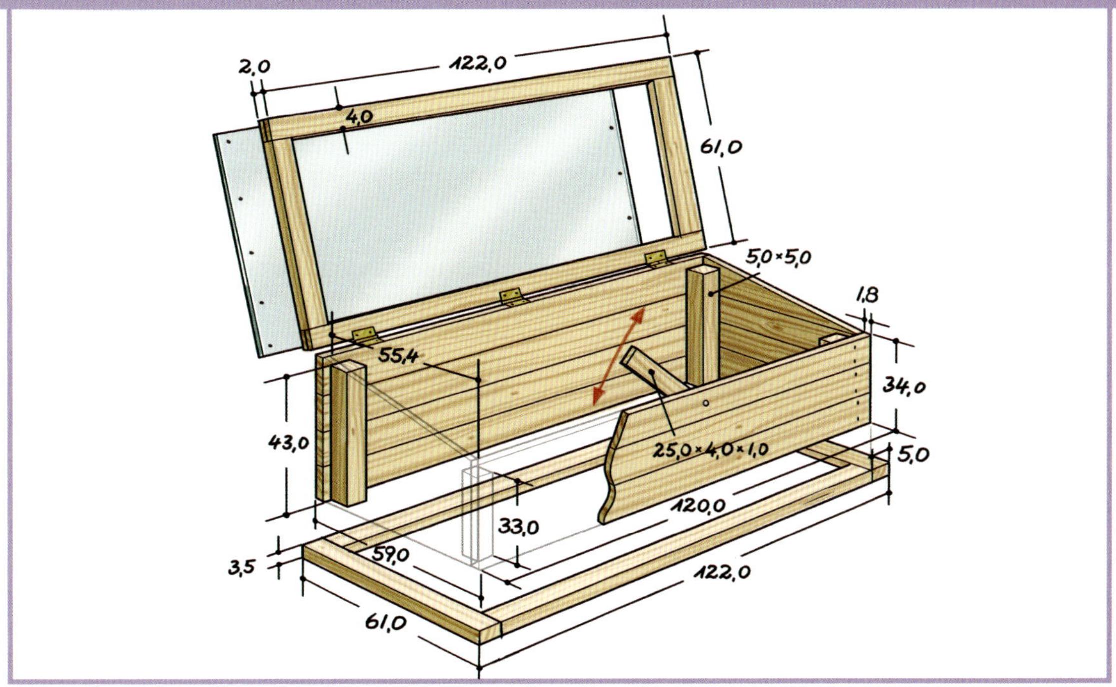

Für den Kasten wurde unbehandeltes Kiefernholz verwendet; wenn der Sockel ungestrichen bleiben soll, nehmen Sie dafür druckimprägniertes Holz.

Material

Für dem Kasten:
- Nut-und-Feder-Bretter 11 × 1,8 cm
  7 Stück à 122 cm
  8 Stück à 56 cm
- Kantholz 5 × 5 cm
  2 Stück à 42 cm
  2 Stück à 32 cm

Für den Sockel:
- Kantholz 3,5 × 5 cm
  2 Stück à 124 cm
  2 Stück à 56 cm

Für den Deckel:
- Leisten 5 × 2 cm
  2 Stück à 122 cm
  4 Stück à 60 cm
  1 Stück à 25 cm

außerdem:
- Acrylglas (3 mm) 122 × 61 cm
- 1 Schlossschraube M4 mit Mutter und
  2 Unterlegscheiben
- 2 Truhengriffe
- 8 Maschinenschrauben mit Unterlegscheiben
- 3 Scharniere mit Schrauben
- rostfreie Kette, etwa 2 m
- 4 Schraubösen
- rostfreie Schrauben
- Unterlegscheiben aus Gummi
- wasserfester Holzleim
- Holzschutzgrundierung
- Kunstharzlack

Werkzeug

Bohrmaschine mit Bohrern und Schrauberbits, Handkreissäge oder Tischkreissäge, Feinsäge, Flachzange, Tischlerwinkel, Schraubzwingen oder Klemmen, Pinsel

Schwierigkeitsgrad: 🟧

1 Die Bretter werden als Erstes auf Länge geschnitten: sieben für Vorder- und Rückseite und acht für die Seitenwände. Zwei der kurzen Bretter diagonal teilen, einmal von links oben nach rechts unten und einmal von rechts oben nach links unten. Die dreieckigen Stücke werden als oberste Bretter der Seitenwände gebraucht. Stecken Sie die Bretter mit Nut und Feder so zusammen, wie sie später verbaut werden sollen und kennzeichnen Sie jede der Wände auf der Innenseite mit einem über alle Bretter reichenden Dreieck.

2 Danach sägen Sie von den unteren Brettern von Front und Rückwand die Nut und von den oberen Brettern die Feder ab. Bei den Seitenwänden muss nur die Nut an den unteren Brettern abgeschnitten werden. Am besten gelingen diese Schnitte an der Tischkreissäge. Sie können die Bretter aber auch am Arbeitstisch mit Schraubzwingen fixieren und mit einer Handkreissäge mit Anschlag arbeiten.

3 Nun bauen Sie die Wände zusammen: Schrauben Sie die beiden längeren Eckpfosten an die vier wieder zusammengesteckten Bretter der Rückwand, die beiden kürzeren an die drei Bretter der Front. Die Eckpfosten sind mit der Unterkante bündig und springen um Brettstärke nach innen zurück, damit die Seitenwände kantenbündig angesetzt werden können.

4 Nun stellen Sie den Kasten auf den Kopf und schrauben die Sockelleisten auf bzw. unter den Kasten. Sie stehen sowohl nach innen als auch nach außen etwas über. Markieren Sie den Überstand auf der Leiste, damit Sie wissen, wo die Wände liegen und die Schrauben wirklich ins Holz gehen.

5 Der Rahmen des Deckels wird aus flachen Leisten gebaut und an den Enden überblattet. Sägen Sie dazu die Enden der Leisten in Leistenbreite und halber Materialtiefe ein und schlagen Sie das Material mit einem Stechbeitel vorsichtig heraus. Dann tragen Sie auf die Kontaktflächen Leim auf und fügen die Leisten zum Rahmen zusammen. Richten Sie ihn mit Hilfe des Tischlerwinkels rechtwinklig aus, bevor Sie die Schraubzwingen ansetzen, die den nötigen Anpressdruck geben, bis der Leim durchgetrocknet ist.

6 Nun wird der Deckel mit Scharnieren an der Rückwand befestigt. Ketten verhindern, dass er nach hinten wegklappt. Sie hängen in Schraubösen am Deckel und den vorderen Pfosten. Probieren Sie die Länge der Kette aus, dann die jeweils letzten Kettenglieder mit dem Seitenschneider öffnen, in die Ösen hängen und anschließend mit einer Flach- oder Rohrzange wieder zusammendrücken.

7 Der Deckel kann zum Lüften in zwei Positionen gebracht werden. Die Aufstellleiste bei etwa zwei Drittel der Länge durchbohren; das ist der Drehpunkt. In der Mitte der Front ebenfalls ein Loch bohren, die Leiste auf der Innenseite ansetzen und mit der von außen eingesetzten Schlossschraube befestigen. Eine Unterlegscheibe zwischen den beiden Teilen garantiert, dass sich die Leiste leicht drehen lässt. Zum Streichen nehmen Sie sie noch einmal ab.

8 Wenn Kasten und Deckelrahmen gestrichen sind, kann die Acrylglasplatte mit der Stichsäge zugeschnitten und auf den Rahmen geschraubt werden. Dafür im Abstand von etwa 10 cm ca. 1 cm vom Rand entfernt Löcher bohren. Sie müssen deutlich größer sein als der Schraubendurchmesser und knapp kleiner als die Schraubenköpfe, denn die Acrylglasscheibe dehnt sich bzw. zieht sich bei Temperaturschwankungen zusammen und kann platzen, wenn sie unter Spannung gerät. Gummi-Unterlegscheiben verhindern, dass sich Wasser in den großen Löchern sammelt. Schrauben Sie zum Schluss Leisten an die Schmalseiten des Deckels. Sie greifen etwas über die Seiten des Kastens und sorgen dafür, dass der Deckel immer fest sitzt.

9 Die Truhengriffe an den Seiten des Frühbeetkastens sehen hübsch aus und sind praktisch, denn damit lässt sich der Kasten zu zweit gut tragen. Zur Befestigung verwenden Sie am besten Maschinenschrauben mit großen Unterlegscheiben an der Innenseite des Kastens, damit die Griffe nicht ausreißen.

Insektenhotel

Dass es im Garten grünt und blüht, Obstbäume und Beerensträucher reichlich Früchte tragen und Schädlinge nicht überhandneh-

men, ist auch Bienen, Hummeln oder Motten zu verdanken. Viele Insektenarten sind jedoch inzwischen bedroht, weil sie nicht mehr genügend Nistplätze und Nahrung finden. Dabei ist es sehr einfach, ihnen Quartier zu bieten. Man muss sich noch nicht einmal besonders gut mit den Eigenheiten der einzelnen Arten auskennen: Je unterschiedlicher die Materialien sind, die Sie den Tieren anbieten, desto mehr Arten werden sich in Ihrem Garten ansiedeln.

Heute gebaut, morgen bewohnt

Als Gehäuse kann jeder beliebige Kasten dienen. Eine alte Obstkiste ebenso wie eine übrig gebliebene Schublade. Natürlich lässt sich ein Kasten auch aus Restholz zusammennageln. Zwei kurze und zwei lange Bretter sowie eine Platte für die Rückwand reichen schon aus.

Eine sonnige, geschützte Ecke im Garten ist der richtige Platz für den Kasten.

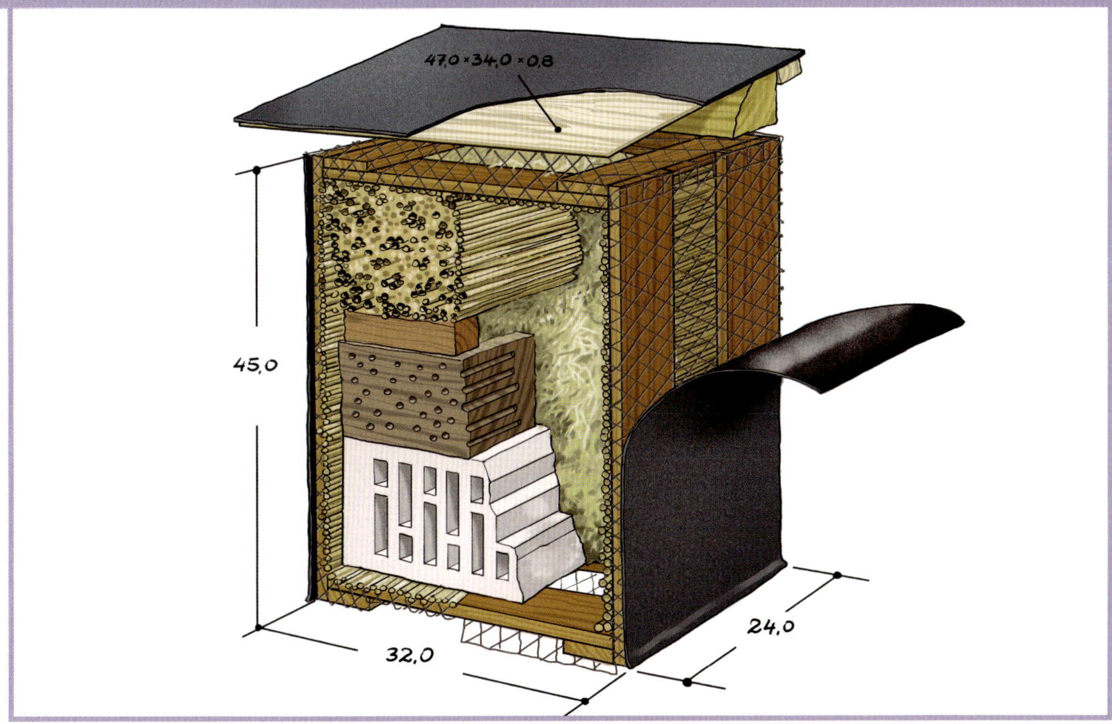

Das Insektenhotel kann auf Ziegelsteine gestellt oder auch aufgehängt werden.

Material

Für das Gehäuse (60 × 40 × 20 cm):
- Bretter (16 mm oder mehr)
  für Boden, Deckel und Einlegeboden
  3 Stück 20 × 40 cm
  für Rückwand und Wände
  4 Stück 20 × 60 cm
- Teerpappe 20 × 160 cm

Für das Dach:
- Holzscheit mit dreieckigem Querschnitt
  (ca. 5 × 11 × 12 cm) 40 cm
- Sperrholzplatte (8 mm) 40 × 40 cm
- Teerpappe 50 × 50 cm
- Dachpappnägel
- Kükendraht (ca. 80 × 140 cm)

Wenn Sie einen fertigen Kasten benutzen, berechnen Sie die Menge von Teerpappe und Kükendraht sowie die Breite des Dreiecksklotzes und die Größe der Dachplatte nach den Maßen dieses Kastens.

Für die Füllung:
- Lochziegel
- Schilfmatten
- Stroh oder Heu
- Hartholzblock
- Holzwolle
- markhaltige oder hohle Zweige
  (z. B. Brombeere, Holunder, Bambus)
- Staudenstängel oder Ähnliches

Werkzeug

- Fuchsschwanz oder Stichsäge
- Hammer
- Schere oder Cuttermesser
- Tacker
- Seitenschneider oder Drahtschere

Schwierigkeitsgrad: ■

1 Die alte Obstkiste ist als Gehäuse für das Insektenhotel durchaus geeignet, sie braucht nur ein schräg nach vorn abfallendes Dach, damit der Regen gut ablaufen kann. Auf einer geraden Dachfläche würde das Wasser stehen bleiben. Als Sockel für das Pultdach dient ein Holzscheit mit dreieckigem Querschnitt. Es wird mit zwei Nägeln an der Kiste befestigt.

2 Insektenbrut ist ein besonderer Leckerbissen für Vögel. Damit sie die Brutröhren nicht aufpicken oder Halme aus dem Insektenhotel herauszupfen, wird die Kiste mit Kükendraht ausgekleidet. Schneiden Sie ein passendes Stück mit der Drahtschere oder dem Seitenschneider zu und legen es locker in die Kiste ein. Drücken Sie den Draht in die Ecken und tackern ihn am Rand fest.
Wie groß das Drahtstück sein muss, ist einfach zu berechnen:

(2 × Tiefe + Breite der Kiste)
× (2 × Tiefe + Höhe der Kiste)
= Größe des Drahtes

Also zum Beispiel:
(2 × 20 + 40)
× (2 × 20 + 60)
= 80 × 100

3 Schilfmatten lassen sich mit einer kräftigen Schere zerteilen. Schneiden Sie einen beliebig langen Streifen, der ungefähr so breit ist wie die Kiste tief und legen Sie Boden, Wände und Decke damit aus. Wenn das nicht von selber hält, helfen Sie mit ein paar Tackerklammern nach. Die unterste Etage des Insektenhotels bildet ein Hohllochziegel, dessen Löcher mit Halmen oder Lehm gefüllt werden könnten.

4 Gestalten Sie die nächste Lage des Insektenhotels aus Stroh, Holzwolle oder trockenen Grashalmen. Achten Sie darauf, das Füllmaterial auch hinter den Ziegel zu stopfen, damit er fest sitzt und der Raum im Kasten gut gefüllt ist.

5 Viele Insekten nisten in Fraßröhren, die andere Tiere im Totholz hinterlassen haben. Solche Röhren kann man leicht selbst herstellen: Bohren Sie Sacklöcher mit unterschiedlichem Durchmesser in einen Holzblock. Dafür sind nur Harthölzer geeignet wie Eiche, Buche oder Birke geeignet, denn Weichhölzer (Kiefer, Tanne) quellen bei feuchtem Wetter und die Brut in den Röhren könnte dadurch erdrückt werden.

6 Auch der gebohrte Holzblock wird mit Stroh oder Halmen hinterfüttert. Statt des Blocks können Sie natürlich auch Stammabschnitte nehmen, deren nach vorne weisende Schnittflächen angebohrt werden. Es sieht besonders hübsch aus, wenn Rundhölzer mit verschiedenen Durchmessern eng gepackt werden. Große Hohlräume werden mit Stroh oder Schilfhalmen gefüllt.

7 Trennen Sie die unterschiedlichen Materialien der einzelnen »Stockwerke« mit einem Zwischenboden. Er ist dann besonders sinnvoll, wenn auf eine weiche Schicht, die nicht zerdrückt werden soll, wieder harte Materialien gelegt werden.

8 Im oberen Fach ist Platz für eine zusammengerollte Schilfmatte oder Zweigabschnitte von Holunder, Himbeere oder Brombeere. Sie können die markhaltigen Hölzer aushöhlen, viele Insekten räumen das Mark aber auch selbst aus. Bambusstücke sind ebenfalls gut geeignet, wenn sie dicht über einer Blattansatzstelle geschnitten und mit der offenen Seite nach vorn eingelegt werden.

9 Schützen Sie auch die Vorderseite des Kastens mit Kükendraht gegen Vögel. Schneiden Sie dafür ein Stück Draht mit Zugabe an allen Seiten zu, biegen es an den Seiten des Insektenhotels sowie unten und oben um und tackern es fest.

10 Insektennisthilfen sollten immer aus unbehandeltem Holz gebaut werden, weil Schutzanstriche jeder Art den Tieren schaden können. Als Schutz gegen Wind und Wetter wird der Kasten deshalb mit Teerpappe umhüllt. Schneiden Sie die Stücke passend zu und befestigen Sie sie mit Dachpappnägeln.

11 Die Sperrholzplatte, die als Dach dient, wird im oberen Viertel mit einer Halteleiste versehen. Sie greift hinter den Dreiecksklotz und verhindert, dass die Platte nach vorne rutscht.

12 Das Dach sollte vorn und hinten sowie an den Seiten einen breiten Überstand haben, damit Schlagregen so gut wie möglich abgehalten wird. Legen Sie die Platte auf, richten Sie sie gerade und mit gleichmäßigen Überständen aus und befestigen sie mit ein paar Nägeln auf dem Klotz.

13 Zum Schluss wird auch das Dach mit Teerpappe abgedeckt; das Stück soll etwas größer sein als die Dachfläche und es schadet nicht, wenn es rundherum 1 bis 2 cm übersteht. Die Dachpappnägel mit Abständen von 5 bis 10 cm einschlagen.

Auch im Sockel aus Ziegelsteinen finden ▶
viele Tiere Unterschlupf.

Gartenzaun

Dieser Staketenzaun ist ein Klassiker, der unendliche viele Variationen erlaubt. Das Gerüst aus Pfosten und Querlatten bleibt immer gleich, während die Länge der Zaunfelder sowie Form und Höhe der Staketen verändert werden können. Breiter oder schmaler, mit verzierten Spitzen oder wechselnden Längen: Aus dem Grundmodell wird ein individueller Zaun, der zum Haus und seinen Bewohnern passt. Probieren Sie es aus!

Der selbstgebaute Zaun passt genau, auch wenn es um die Ecke geht.

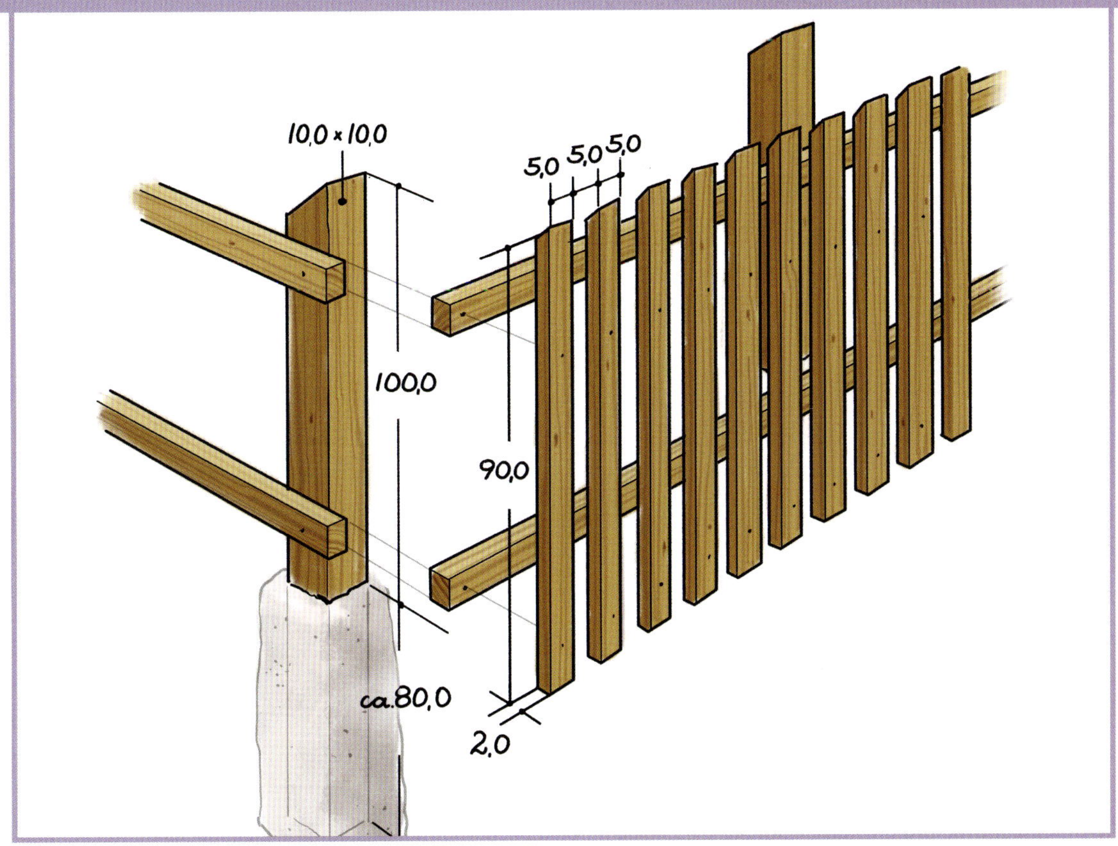

Die Stoßstellen der Querriegel liegen immer auf einem Pfosten. So gibt es keine Zaunfelder, sondern eine Reihe von Staketen.

Material

Für die Pfosten:
Druckimprägnierte Kiefer oder Lärche
- 9,5 × 9,5 cm
  Länge: 120 cm bei 80 cm Zaunhöhe, 150 cm bei 100 cm Zaunhöhe

Für die Querriegel:
- Latten 5 × 7 cm
  Länge entsprechend der Breite des Zaunfeldes, maximal 180 cm

Für die Staketen:
Die Zahl der Staketen lässt sich errechnen, wenn man die Deckbreite plus Fugenbreite durch die Länge des Zauns teilt.
- Glattkantbretter 5 × 2 cm
  Länge 70 cm bei 80 cm Zaunhöhe, 90 cm bei 100 cm Zaunhöhe

außerdem:
- Pfostenanker
- rostfreie Schrauben
- Holzschutzgrundierung
- Holzschutzfarbe oder –lasur

Werkzeug

Bohrmaschine mit Bohrern und Schrauberbits, Kapp- und Gehrungssäge oder Handkreissäge, Wasserwaage, Schraubzwingen, Spaten und Stampfer, Richtschnur mit Pflöcken, Pinsel

Schwierigkeitsgrad: ▮

1 Die beiden äußeren Pfosten jedes geraden Zaunabschnitts geben das Maß vor. Spannen Sie eine Richtschnur dazwischen und teilen Sie die Länge in gleichmäßige Teile. So erhalten Sie die Anzahl der Pfostenlöcher, die Sie noch ausheben müssen. Der Abstand zwischen zwei Pfosten sollte jedoch nicht größer als maximal 180 cm sein.

2 Wenn die Pfosten direkt in den Boden eingegraben und nicht in einbetonierte Pfostenanker gesetzt werden sollen, müssen sie vorher gründlich mit Holzschutz behandelt werden. Sorgen Sie außerdem dafür, dass sie nicht in dauerfeuchter Erde stehen: Eine mindestens 10 cm dicke Sohle aus Schotter oder Kies sowie Sand als Füllmaterial rund um den Pfosten lassen Regenwasser schnell versickern. Bringen Sie den Sand in höchstens 5 cm dicken Lagen ein, die Sie jeweils sorgfältig feststampfen. Kontrollieren Sie zwischendurch, ob der Pfosten noch genau im Lot steht.

3 Sind die Pfosten für einen geraden Zaun-
abschnitt gesetzt, schrauben Sie die Querriegel an. Dann geht es nach derselben
Methode in der neuen Richtung weiter.
Planen Sie Ihren Zaun am besten so, dass
es nur rechtwinklige Ecken gibt. Wenn
stumpfere oder spitzere Winkel unvermeid-
lich sind, müssen Sie die Eckpfosten der
ganzen Länge nach entsprechend abschrägen.

4 Die Querriegel werden von außen an die
Pfosten geschraubt. Sie stoßen an den Ecken
stumpf aneinander und enden an Toröffnun-
gen bündig mit dem Pfosten. Das wichtigste
Hilfsmittel beim Anbringen der Latten ist die
Wasserwaage: Kontrollieren Sie lieber einmal
zuviel als einmal zu wenig, denn selbst kleine
Abweichungen stören später sehr.

5 Die Stöße der Querlatten liegen immer auf einem Pfosten. Bohren Sie die Schraublöcher unbedingt vor. Wenn Sie die Schrauben direkt eindrehen, besteht bei vielen Modellen die Gefahr, dass die Latten sich dabei am Ende spalten.

6 Die Staketen werden mit je einer Schraube oben und unten auf die Querlatten geschraubt. Sie müssen exakt auf gleicher Höhe und mit gleichen Zwischenräumen angebracht werden. Markieren Sie sie dafür mit einem Bleistiftstrich. Legen Sie die Staketen in Paketen zu zehn oder fünfzehn mit den Breitseiten dicht nebeneinander und zeichnen Sie auf den Schmalseiten an, wie weit sie über die Querlatten hinausragen sollen. Für die richtigen Abstände sorgt eine Hilfslatte. Sie können sich auch aus einem Brett (für die Oberkante) und einem Lattenstück (für die Abstände) einen Anschlag zusammenschrauben, mit dem sowohl die gleiche Höhe als auch der gleiche Abstand der Staketen garantiert sind.

7 Die Pfosten und Staketen können oben abgeschrägt, abgerundet oder zugespitzt werden. Die Schnittfläche darf jedenfalls nicht gerade sein, weil darauf Wasser stehen und leicht ins Stirnholz einziehen würde.

Staketenzäune gibt es natürlich auch als Bausatz in verschiedenen Formen und Holzarten. Staketen, Pfosten und Querriegel sind dabei so vorbereitet, dass Sie gleich mit dem Aufstellen beginnen können.

Damit der Zaun lange hält…

Bauen Sie jedoch nach eigenen Plänen und mit selbst zusammengestelltem Material, sollten Sie zunächst etwas für den Holzschutz tun: Schrägen Sie alle Pfosten oben ab, sodass kein Wasser auf der Schnittfläche stehen bleiben kann. Auch die Staketen müssen entweder abgeschrägt oder zugespitzt werden. Bei den Querriegeln schrägen Sie nur die obere Kante etwas an. Anschließend tränken Sie die Schnittflächen mit Holzschutzgrundie-

rung; das gilt auch für druckimprägniertes Holz, das im Übrigen keinen Schutzanstrich braucht. Unbehandeltes Kiefern- oder Fichtenholz muss nach dem Zuschnitt und vor dem Zusammenbau rundherum satt mit Holzschutz-Grundierung gestrichen werden. Bei einem späteren Anstrich sind zum Beispiel die Kontaktflächen zwischen Staketen und Querlatten nicht mehr zu erreichen und bleiben ungeschützt.

Den Holzton erhalten

Wenn Sie den ursprünglichen Farbton des Holzes erhalten möchten, sollten Sie Ihren Zaun mit Holzöl oder Lasur im entsprechenden Holzton gegen das natürliche Vergrauen schützen.

Rosenbogen

Praktisch denkende Rosenfreunde schätzen den Rankbogen, weil sie damit Platz für Kletterrosen gewinnen, Romantikern ist er das Tor zu ihrem privaten, kleinen Paradies und der Vorübergehende freut sich über einen dicht mit blühenden und duftenden Rosen bewachsenen Rankbogen, weil er einfach ein traumhafter Anblick ist, der selbst an trüben Tagen die Stimmung hebt. Rosenbögen bieten viele Möglichkeiten, nicht nur als Rankhilfe für Rosen und andere Kletterpflanzen, sondern auch als Mittel der Gartengestaltung. Ein einzelner Bogen markiert den Eingang in den Garten oder den Übergang von einem Gartenteil in den anderen. Wenn Sie mehrere Bögen hintereinanderstellen, ergibt sich ein hübscher Laubengang.

Schön aus Naturholz

Als Material für den Rosenbogen eignen sich nur Hölzer, die wie Lärche oder druckimprägnierte Kiefer keinen Anstrich brauchen, denn ein dicht berankter Bogen kann nicht alle paar Jahre frisch gestrichen werden. Wer den Bogen gerne farbig gestalten möchte, sollte ihn mit Lasur streichen. Der Farbton verblasst zwar mit den Jahren, aber bis dann ist das Holz unter Blättern und Blüten kaum noch zu sehen.

Auch ohne Rosen schmückt der Bogen die Gartenpforte.

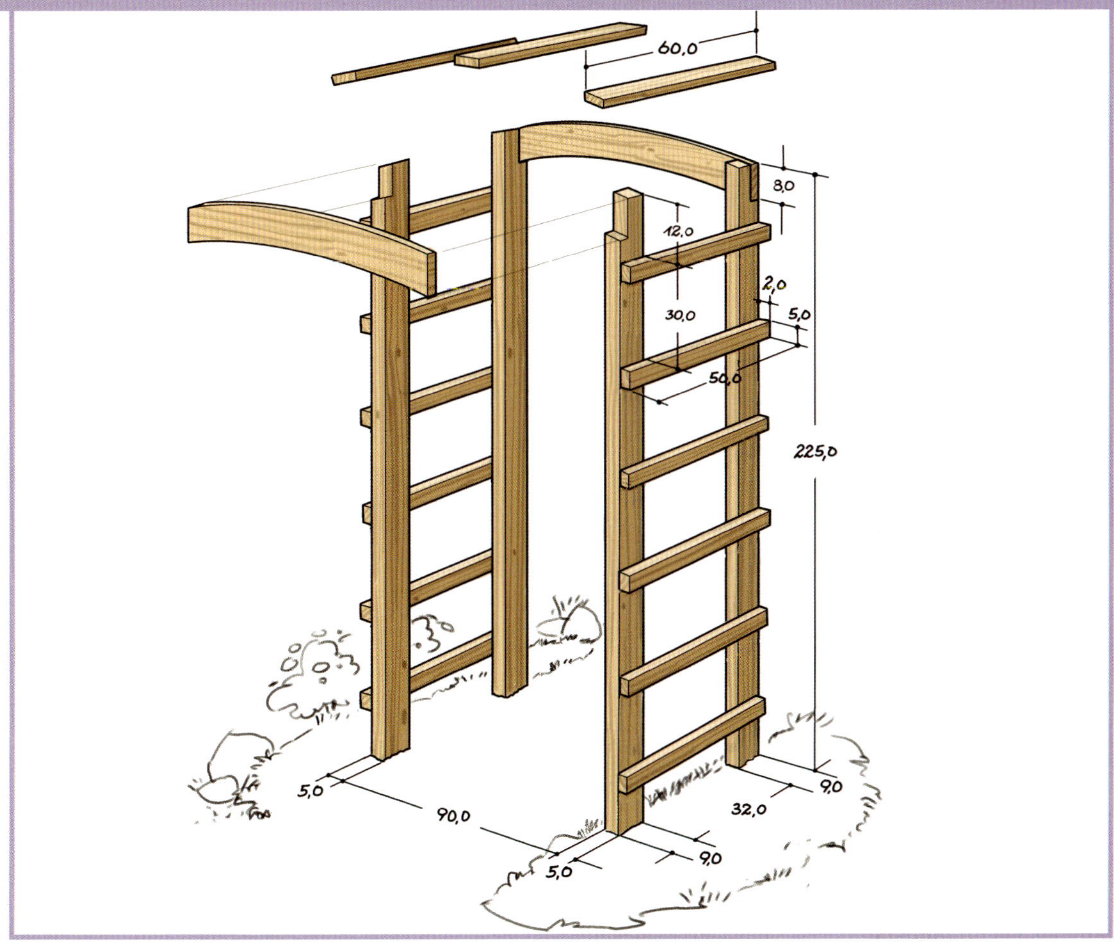

Die Breite des Rosenbogens kann zwischen 90 und 140 cm liegen.

Material

Für die Leisten:
Konstruktionsholz aus Lärche
- 4 Pfosten 9 × 5 × 225 cm
- 12 Leisten 5 × 2 × 50 cm

Für den Bogen:
- 2 Glattkantbretter 15 × 2 × 90 cm
- 3 Leisten 5 × 2 × 50 cm

außerdem:
- rostfreie Schrauben
- Holzöl

Werkzeug

- Bohrmaschine mit Bohrer und Schrauberbits
- Kapp- und Gehrungssäge
- Excenterschleifer
- Stichsäge
- Tischlerwinkel
- Schnurzirkel (aus Schnur, Nagel und Bleistift selbst gemacht)
- Stechbeitel
- Gummihammer
- Schraubzwingen
- Wasserwaage

Schwierigkeitsgrad: ■

1 Die Pfosten liegen nebeneinander auf zwei Böcken und dienen zunächst als Unterlage. Zeichnen Sie die Zuschnitte bei den Leisten mithilfe von Zollstock und Tischlerwinkel an. Messen Sie auch das Brett, aus dem der Bogen geschnitten wird, ab und zeichnen es an.

2 Genau winkelgerechte Schnitte gelingen am besten mit einer Kapp- und Gehrungssäge. Schneiden Sie alle Leisten und die Bögen entsprechend den Markierungen zu. Die Pfosten dienen auch dabei als improvisierte Arbeitsplatte.

3 Anschließend schleifen Sie die Schnittkanten und brechen die Kanten dabei leicht, damit sie nicht splittern. Das geht gut mit einem Schleifklotz oder dem (hier nicht angeschalteten) Excenterschleifer.

4 Nun fertigen Sie die Bögen an. Legen Sie eins der Bretter auf eine große Platte und markieren Sie die genaue Lage, um anschließend das zweite Brett genauso legen zu können. Schlagen Sie lotrecht unterhalb der Brettmitte einen Nagel in die Platte. Dann basteln Sie einen Schnurzirkel: Ein Stück Schnur mit einer Schlaufe am einen und einem Bleistift am anderen Ende. Hängen Sie die Schlaufe über den Nagel und zeichnen Sie mit dem Stift an straff gespannter Schnur eine Bogenlinie auf das Brett.

5 Die Bögen sollen 8 cm breit sein. Parallel zu der ersten Bogenlinie wird deshalb eine zweite im Abstand von 8 cm angezeichnet. Dann schneiden Sie die beiden Stücke mit der Stichsäge in die gewünschte Form und glätten die Schnittkanten mit dem Excenterschleifer. Auch die Kanten schleifen und etwas brechen.

6 Dann werden die Pfosten ausgeklinkt. Dafür legen Sie die fertigen Bögen so auf die Pfosten, wie sie später angebracht werden sollen und zeichnen die Unterkante auf den Pfosten an. Entlang der Linie machen Sie mit der Stichsäge einen Schnitt von 2 cm Tiefe (Brettstärke) und schlagen vom Pfostenende her das Holz mit Stechbeitel und Gummihammer heraus.

7 Glätten Sie die Schnittfläche und brechen Sie die Kanten, dann probieren Sie, ob die Kopfstücke richtig passen und bündig in den Pfosten liegen. Wenn nötig, können Sie jetzt noch etwas nacharbeiten.

8 Die Leisten werden von außen auf die Pfosten geschraubt. Legen Sie die zugeschnittenen Stücke auf die Pfosten und markieren Sie die Schraubpunkte.

9 Damit sich die Leisten beim Verschrauben nicht spalten, müssen sie vorgebohrt werden. Jede Leiste wird mit vier Schrauben befestigt, zwei an jedem Ende. Ordnen Sie die Schraublöcher etwas versetzt an.

10 Auf den Pfosten haben Sie bereits angezeichnet, wo die Leisten sitzen sollen. Bei
dem 225 cm hohen Rosenbogen mit sechs
Leisten auf jeder Seite wird die erste Leiste
12 cm unter dem oberen Pfostenende aufgeschraubt, die folgenden dann mit jeweils
30 cm Abstand voneinander.

11 Sind beide Leitern fertig, tränken Sie die
Pfostenenden mit Holzöl. Lärchenholz enthält
zwar von Natur aus fäulnishemmende Stoffe,
doch das Öl schützt zusätzlich gegen Feuchtigkeit.

12 Nun verbinden Sie die beiden Leitern
mit den Bögen. Legen Sie die Leitern dazu
auf ebenem Untergrund auf die Seite und
verschrauben Sie den ersten der vorher mit
Schraublöchern versehenen Bögen.

13 Mit provisorisch aufgeschraubten oder mit Schraubzwingen fixierten Hilfsleisten stabilisieren Sie den Rosenbogen am unteren Ende. Dann drehen Sie ihn und bringen den zweiten Bogen an.

14 Nun fehlen nur noch die Leisten auf den Bögen. Sie stehen an beiden Enden 5 cm über und haben nur 2 cm Auflage. Die Schraubpunkte müssen also vorher genau angezeichnet und vorgebohrt werden.

15 Die Pfostenlöcher werden sehr groß ausgehoben, weil sich das Füllmaterial dann besser feststampfen lässt. Bringen Sie zunächst 10 cm Schotter ein, damit die Pfosten auf wasserdurchlässigem Grund stehen. Nehmen Sie groben Sand als Füllmaterial, denn darin versickert Wasser am besten und das Holz steht nicht in feuchter Erde. Damit der Sand alle Hohlräume füllt, stampfen Sie ihn Schicht für Schicht fest und schlämmen ihn dann ein.

Baumbank

Der Liegestuhl ist bequemer und die Sitz-
gruppe mit Bank, Tisch und Stühlen prakti-
scher für gesellige Runden im Garten. Trotz-
dem ist es gerade die Baumbank, die nach
draußen lockt. Vielleicht, weil sie das Möbel
für schöne Augenblicke und nicht für ganze

Nachmittage oder Abende ist; hier setzt man
sich mal kurz, um den lichten Schatten unter
der Baumkrone zu genießen, sich an den
blühenden Stauden zu freuen oder nach
getaner Gartenarbeit einen erfrischenden
Schluck zu trinken.
Die Baumbank steht immer bereit und lädt
ein, mal kurz eine Pause einzulegen. Kein
Wunder, dass Gartenfreunde sie seit Jahr-
hunderten lieben.

Passt auch um dicke Bäume

Diese aus acht Sitzelementen bestehende
Baumbank hat an der Oberkante der Rückenlehnen einen Innenumfang von etwas mehr
als 200 cm (Durchmesser 65 cm) und passt
damit auch um richtig dicke Baumstämme.
Wenn der Durchmesser passend zu einem
dünneren oder dickeren Stamm gebaut werden soll, verändert man einfach die Breite
der Sitzelemente entsprechend.

**Der Baum kann ruhig noch dicker werden,
die Bank wird ihm nicht zu eng.**

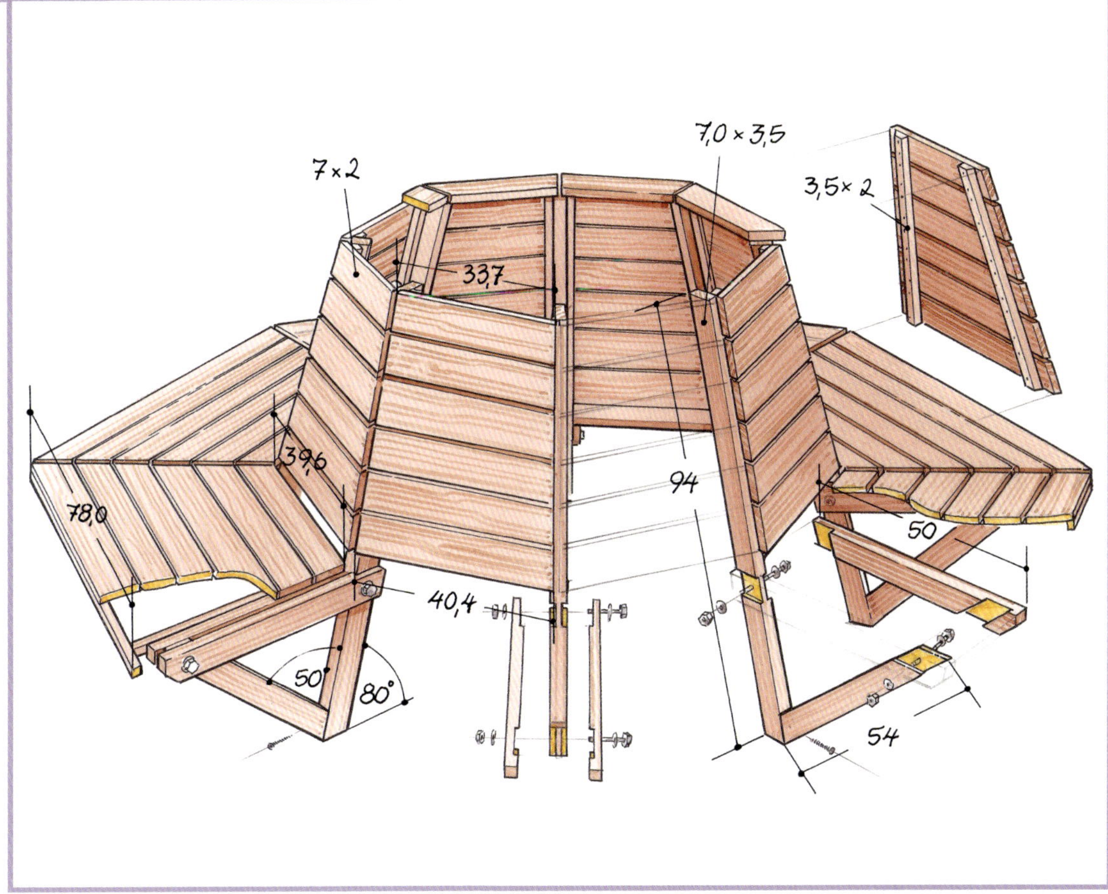

Ständer, Sitzflächen und Lehnen werden fertig gebaut und an Ort und Stelle zusammengesetzt.

Materialliste

Für die Ständer:
Konstruktionsholz aus druckimprägnierter
Kiefer 7 × 3,5 cm
- 8 Stück à 96 cm (Lehne)
- 8 Stück à 56 cm (Strebe)
- 16 Stück à 52 cm (Zangen)
Alle Maße sind inklusive etwa 2 cm Zugabe
für die Schrägschnitte angegeben.
außerdem:
- 16 Sechskantschrauben M10 × 90 mm mit
  Unterlegscheiben und Muttern
- 8 Edelstahlschrauben 4 × 50 mm
- wasserfester Holzleim
- Holzschutzgrundierung
- Holzlasur

Werkzeug

- Bohrmaschine mit Bohrern und Schrauberbits
- Stichsäge
- eventuelle Handkreissäge oder Tischkreissäge
- Fuchsschwanz
- Stechbeitel
- Maulschlüssel
- Gummihammer oder Klöpfel
- verstellbarer Winkel
- Schraubzwingen
- Schleifklotz
- Pinsel

Schwierigkeitsgrad: ■

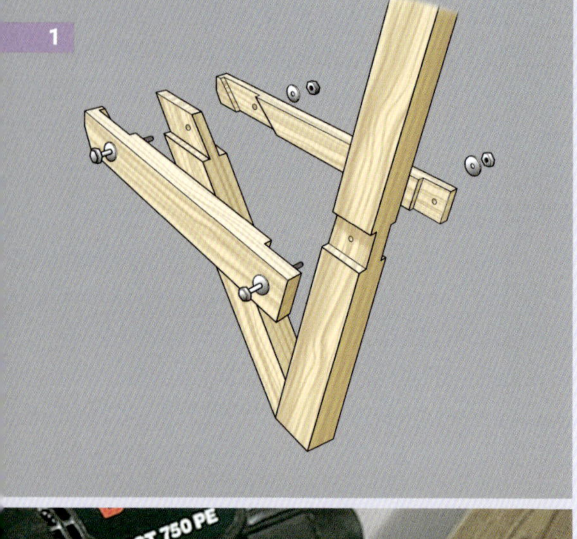

1 Die Ständer sind die tragenden Elemente der Baumbank. Sie bestehen aus einer Lehne, schräg nach vorne weisender Strebe und seitlich angesetzten Zangen. Da jedes Einzelteil acht Mal gebraucht wird, ist es am praktischsten, in Serie zu gehen und erst acht Lehnen, dann acht Streben und schließlich acht linke und acht rechte Zangen herzustellen.

2 Die Vorderkante der Zangenhölzer mit einer kräftigen Stichsäge und breitem Sägeblatt zuschneiden. Dafür bei 3 cm eine Markierung machen und das Holz ab da im Winkel von 50 Grad abschrägen. Schleifen Sie die Schnittkanten glatt und behandeln Sie die Schnittflächen mit Holzschutzgrundierung.

3 Die Ausklinkungen an Lehnen, Streben und Zangen zeichnen Sie am besten mit einem feststellbaren Winkel und Bleistift an. Da die Lehne nicht zu stark geschwächt werden darf, wird sie beidseitig nur um 0,5 cm ausgeklinkt. Die Zangen werden an der Lehnenseite 1 cm, an der Strebenseite 0,5 cm ausgeklinkt, die Strebe verliert beidseitig 1 cm.

4 Die Quereinschnitte für Ausklinkungen machen Sie mit einem Fuchsschwanz oder einer Handkreissäge mit genau einstellbarer Schnitttiefe. Dann arbeiten Sie die Ausklinkungen mit einem scharfen Stechbeitel und einem Gummihammer heraus. Schlagen Sie das Holz von oben nur bis zur Mitte aus, dann drehen Sie das Werkstück und arbeiten wieder zur Mitte hin.

5 Bei den Ausklinkungen der Zangen sollten Sie besonders aufpassen, denn die Einschnitte werden ja nicht gerade, sondern schräg gesetzt und verlaufen bei den linken und rechten Zangen in entgegengesetzter Richtung. Für den Lehnen-Einschnitt haben sie einen Winkel von 80 Grad und eine Tiefe von 1 cm, für die Strebe einen Winkel von 50 Grad und eine Tiefe von 0,5 cm.

6 Sind alle Ausklinkungen herausgearbeitet, setzen Sie Strebe und Zangen zusammen, sichern sie mit einer Schraubzwinge und bohren das Loch für den Bolzen. Setzen Sie die Bohrlöcher (später auch bei der Verbindung von Zangen und Lehne) möglichst exakt in den Schnittpunkt der Längsachsen der beiden Bauteile.

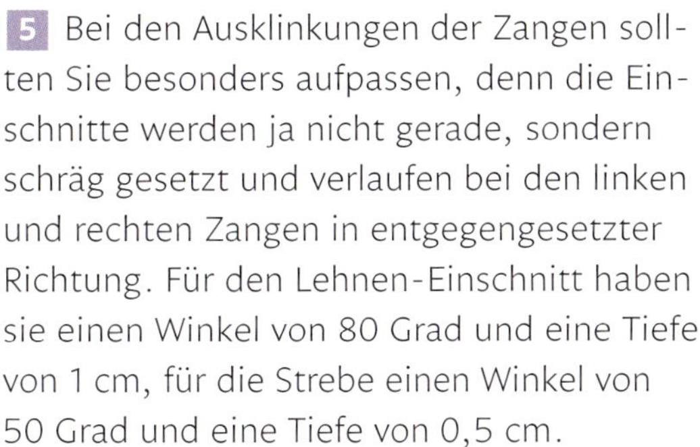

7 Dann nehmen Sie die Verbindung wieder auseinander und bestreichen alle Kontaktflächen der Hölzer satt mit wasserfestem Leim. Das hilft gegen eindringende Feuchtigkeit und stabilisiert die Verbindungen zusätzlich.

8 Setzen Sie die Bolzen mit Unterlegscheiben unter dem Sechskantkopf und der Mutter ein. So drehen sich Kopf und Mutter nicht in den Balken, auch wenn Sie sie so fest anziehen, dass es im Holz knackt. Als natürlicher Werkstoff reagiert Holz auf Temperatur und Feuchtigkeit: Es arbeitet. Kontrollieren Sie die Schrauben daher mindestens einmal im Jahr und ziehen sie gegebenenfalls nach.

9 Auch bei der Verbindung von Lehne und Zangen werden die Schnittflächen mit Leim bestrichen. Mit kleinen Holzkeilen können Sie das Zangenpaar auseinanderhalten, während Sie es auf die Lehne schieben.

10 Verbinden Sie Lehne und Strebe lediglich durch eine 50 mm lange Edelstahlschraube, die komplett versenkt wird. Bestreichen Sie auch hier die Schnittflächen von Lehne und Strebe vor dem Verschrauben mit Leim.

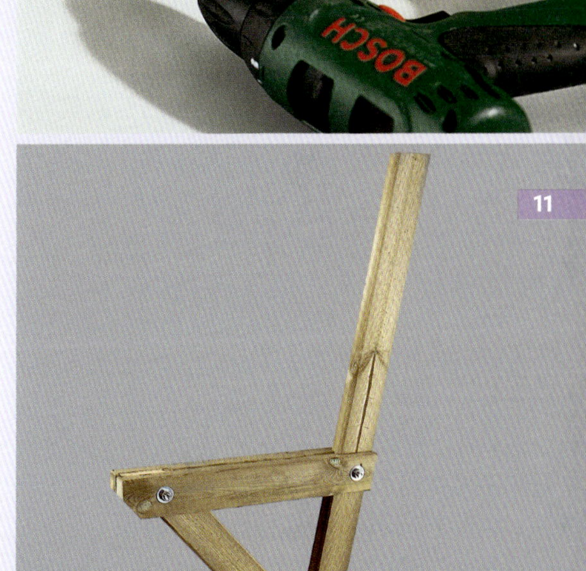

11 So sieht der fertige Ständer aus: Die Sitzfläche ist waagerecht, die Lehne leicht geneigt; der Winkel zwischen Sitz und Lehne beträgt 100 Grad. Kontrollieren Sie noch einmal, ob alle Schnittkanten leicht gebrochen und alle Schnittflächen glatt geschliffen sowie satt mit Holzschutzmittel getränkt sind. Später sind diese Stellen nur noch schlecht zu erreichen.

Material

Für die Sitze:
Bretter aus druckimprägnierter Kiefer 7 × 2 cm
- 8 Stück à 78 cm
- 8 Stück à 72 cm
- 8 Stück à 66 cm
- 8 Stück à 60 cm
- 8 Stück à 53 cm
- 8 Stück à 46 cm

Leisten aus druckimpägnierter Kiefer 2 × 2 cm
- 16 Stück à 50 cm (Halteleisten für die Verbindung der Sitzbretter)
- 8 Stück à 78 cm (zum Aufdoppeln der Vorderkante)

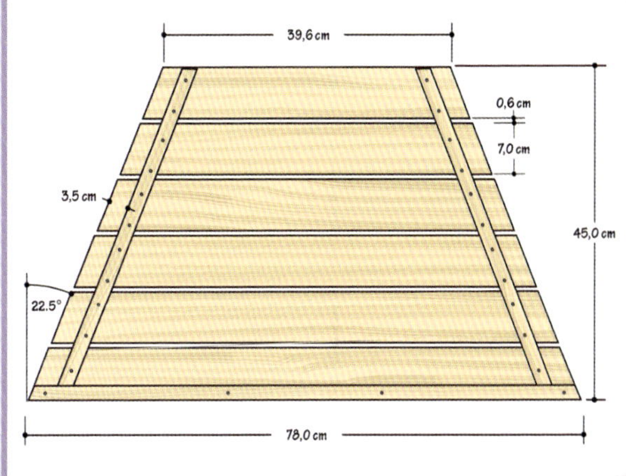

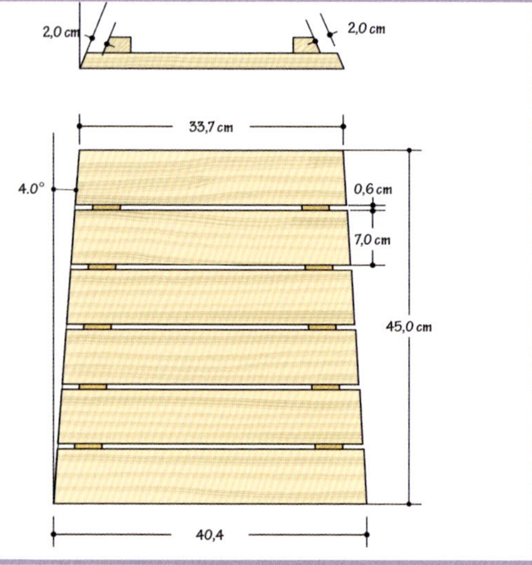

12 Pro Sitzfläche legen Sie je sechs Bretter mithilfe von Abstandsleisten aus. Zeichnen Sie die vordere und die hintere Breite der Sitzfläche am ersten und letzten Brett an und legen Sie die Halteleisten im 22,5-Grad-Winkel an. Sie sollen später im montierten Zustand dicht an den Zangen der Ständer anliegen, weil durch sie hindurch die Sitzflächen mit den Ständern verschraubt werden. Dann die Leisten mit zwei Schrauben pro Brett von unten verschrauben; so können die Bretter sich nicht verdrehen.

13 Anschließend schneiden Sie die Sitzflächen mit einer Stichsäge auf die erforderliche Trapezform. Bei manchen Stichsägen können die Halteleisten als Anschlag genutzt werden. Ist das nicht möglich, zeichnen Sie die Schnittlinie mit Bleistift an. Die Kanten hinterher schleifen und mit Holzschutz streichen.

14 Die Rückenlehnen werden genauso gebaut. Hier schrägen Sie die Brettenden jedoch auf 22 Grad ab. Sägen Sie von der Vorderseite und benutzen Sie eine auf der Fläche mit Schraubzwingen festgeklemmte Leiste als Anschlag.

15 Die Halteleisten der Rückenlehnen müssen schon vor der Montage auf einer Längsseite auf 22 Grad abgeschrägt werden. Das geht am besten mit einer Tischkreissäge. Wenn Sie mit einer Handkreissäge oder Stichsäge arbeiten müssen, schrauben Sie die Leiste an ein breiteres Hilfsbrett, das Sie am Arbeitstisch mit Zwingen festspannen können. Die Schraublöcher sind ja ohnehin vorgebohrt.

16 Anschließend befestigen Sie die Sitzflächen und Rückenlehnen mit je vier Schrauben an den Ständern. Die Schrauben werden durch die Halteleisten hindurch in die Ständer gedreht. Damit das Holz sich nicht spaltet, unbedingt vorbohren.

17 Bauen Sie vier Bankelemente auf die beschriebene Weise zusammen. Es bleiben dann vier Rückenlehnen und vier Sitzflächen für die endgültige Montage übrig. Wenn Sie die Bank streichen wollen: Warten Sie noch einige Wochen, denn das druckimprägnierte Holz muss erst etwas abwittern, damit die Imprägnierung nicht durchschlägt. Probieren Sie auf einem Reststück Holz Farbtöne aus. Oft ist die Wirkung anders als erwartet!

Die gestrichene Bank hat eine glatte, ▶
leicht zu reinigende Oberfläche.

18 Bevor Sie die Bank endgültig aufstellen, ebnen Sie den Boden und kontrollieren mit der Wasserwaage, ob das Niveau rund um den Baum gleich ist. Notfalls müssen Sie etwas Sand auffüllen. Dann stellen Sie die vormontierten Sitze um den Baum und verbinden sie mit den losen Sitzflächen und Rückenlehnen. Bei den Rückenlehnen kann das knifflig werden, wenn zwischen Baum und Bank nur wenig Luft ist. Als Allerletztes werden die an den Enden auf 22,5 Grad abgeschrägten Abdeckleisten aufgeschraubt.

Schaukelbank

Wer sagt, dass nur Kinder gerne schaukeln? Die Bank im Baum ist so einladend, dass auch Erwachsene nicht widerstehen können. Am schönsten hängt sie an einem starken Ast im lichten Schatten der Baumkrone. So ein Ast ist allerdings nicht leicht zu finden: Er sollte mindestens dreihundert Kilo tragen können. Als Ersatz kann das Gestell einer Kinderschaukel dienen, wenn es solide genug ist. Oder eine Astgabel in zwei oder drei Metern Höhe, für die man als Gegenstück zwei am oberen Ende gekreuzte Pfosten im Boden verankert; der Tragbalken für die Schaukel liegt dann an einer Seite in der Astgabel, an der anderen in der Pfostengabel.

Erst der Ast, dann die Schaukel

Wo Sie die Schaukel auch aufhängen wollen: Sie sollten auf jeden Fall sicher sein, dass der Tragbalken wirklich hält, denn sonst lohnt sich der Bau der Schaukelbank nicht. Wenn drei Erwachsene sich daran hängen können, ohne dass das Holz knackt oder knirscht, kann es losgehen!

Mit Kissen und Decke wird die Schaukelbank noch bequemer.

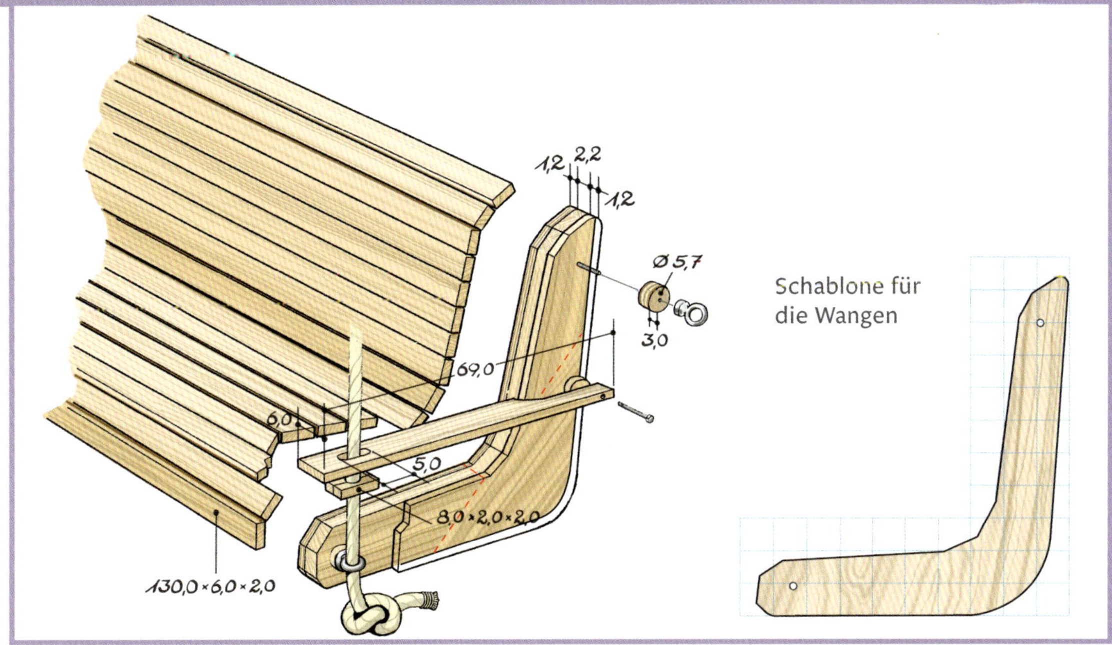

Die Wangen der Bank sind aus drei Teilen zusammengeleimt. Schneiden Sie dafür eine Schablone aus Pappe nach unserer Vorlage aus. Ein einzelnes quadratisches Kästchen entspricht 10 × 10 cm.

Material

Für die Trägerwangen:
- 1 Birkensperrholz (12 mm) 130 × 105 cm
- 9 Kiefernholzbretter (22 mm) 60 × 10 cm

Für die Sitzfläche:
- 17 Rechteckkanthölzer aus Eiche 6 × 2 × 130 cm

Für die Armlehnen:
- 2 Rechteckkanthölzer aus Eiche 6 × 2 × 69 cm
- Reststücke der Kanthölzer für die Armlehnenstopper

Für die Aufhängung:
- Reststücke Kiefernholz für die Verstärkungen
- 2 Kauschen
- 2 Karabinerhaken
- 4 bis 6 m Tau, 2 cm dick
- gewachstes Takelgarn
- Holzschutzgrundierung
- Acrylfarbe

außerdem:
- wasserfester Holzleim (PU-Leim)
- 102 nicht rostende Holzschrauben 3,5 × 30 mm
- 2 Sechskantschrauben M6 × 100
- 4 Schlossschrauben mit Hutmuttern
- 4 Schrauben mit Öse M8 × 80

Werkzeug

- Bohrmaschine mit Bohrern, Schrauberbits, Vorreiber und Lochsäge
- Bohrständer
- Stichsäge
- Einhandwinkelschleifer
- Oberfräse
- Cuttermesser
- Steck- oder Maulschlüssel
- Schraubzwingen
- Pinsel

Schwierigkeitsgrad: ■

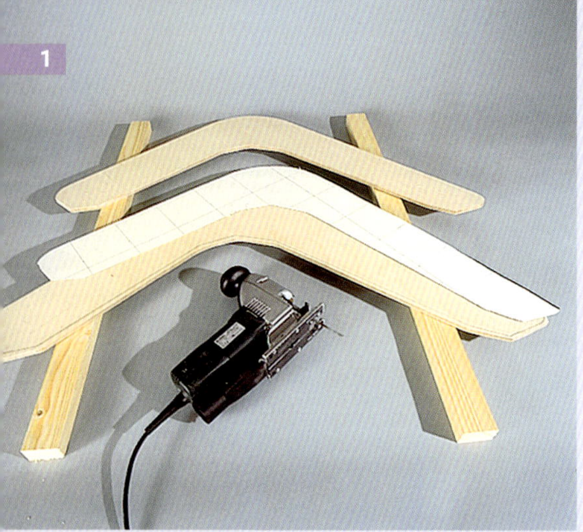

1 Die drei Trägerwangen bestehen aus zwei Formstücken aus Birkensperr- und einer Zwischenlage aus Kiefernholz. Schneiden Sie nach der Vorlage von Seite 87 eine Pappschablone für die Wangen. Wenn Sie die Schablone geschickt angeordnet auf die 130 × 105 cm große Sperrholzplatte übertragen, reicht sie für alle sechs Sperrholzteile. Wichtig: Die Wangen werden nicht mit Rundungen, sondern nur mit geraden ausgesägt, damit die Sitzlatten plan aufliegen.

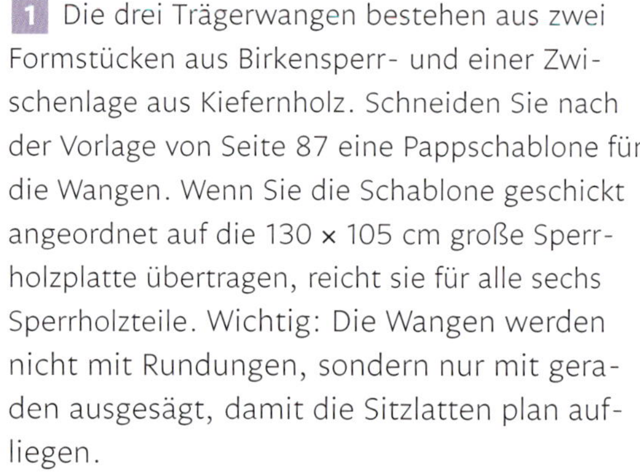

2 Für den Kern aus Kiefernholz werden je drei Bretter so verleimt, dass die Schablone darauf passt. Ist der Leim durchgetrocknet, zeichnen Sie die genaue Form auf und sägen sie mit der Stichsäge aus.

3 Leimen Sie nun die Wangen aus je zwei Sperrholz- und einem Kiefernholzstück zusammen. Das Kiefernholz erst auf einer Seite mit wasserfestem Holzleim (PU-Leim) einstreichen, ein Sperrholzstück auflegen, die andere Seite einstreichen und das zweite Sperrholzstück auflegen. Bevor Sie das »Sandwich« mit Schraubzwingen zusammenpressen, überprüfen Sie noch einmal, ob die Schichten exakt aufeinanderliegen.

4 Ist der Leim ausgehärtet, schleifen Sie die Kanten der Trägerwangen mit einem Winkelschleifer glatt, damit sie eine ganz ebene Auflage für die Latten abgeben.

5 Die sechs kreisrunden Verstärkungen für die Anbringung der Armlehnen und der Seilaufhängung sägen Sie mit einer Lochsäge aus Reststücken der Kiefernbretter aus. Die Scheiben sollten einen Durchmesser von 5,7 cm haben. Legen Sie sie entsprechend der Zeichnung auf die äußeren Wangen auf und bohren Sie die Löcher für die spätere Verschraubung.

6 Sind die Wangen fertig, werden sie zunächst mit Holzschutzgrundierung gestrichen und anschließend lackiert. Die Oberflächen werden besonders schön glatt, wenn Sie sie zwischen den Arbeitsgängen feinschleifen.

7 Sobald die Anstriche durchgetrocknet sind, können Sie die Verstärkungen für die Seilaufhängung mit Ösenschrauben an den Seitenwangen anbringen. Die Armlehne wird erst montiert, wenn die Bank fertig ist.

8 Die Sitzlatten dürfen keine scharfen Kanten haben, damit sich niemand verletzt. Runden Sie deshalb die später nach oben weisenden Kanten bei allen Latten mit der Oberfräse und einem 5-mm-Rundungsfräser ab.

9 Damit sich die Latten beim Eindrehen der Schrauben nicht spalten, müssen die Schraubenlöcher vorgebohrt werden – natürlich so, dass sie später bei allen drei Wangen genau auf einer Linie liegen. Mit einer aus zwei Stücken Restholz gebauten Bohrschablone geht das exakt und schnell. Außen wird die Schablone kantenbündig angelegt, nur für die mittlere Schraubenreihe muss angezeichnet werden, wo die Schablone liegen muss.

10 Anschließend werden alle Bohrlöcher mit einem Vorreiber angesenkt, damit die Schraubenköpfe so weit eingedreht werden können, dass sie glatt mit der Holzoberfläche abschließen.

11 Nun können die Latten mit 3,5 × 30 mm-Schrauben an den drei Trägerwangen befestigt werden. Wenn Sie Abstandshölzchen verwenden, haben Sie zumindest an den geraden Flächen von Sitz und Rückenlehne gleiche Abstände.

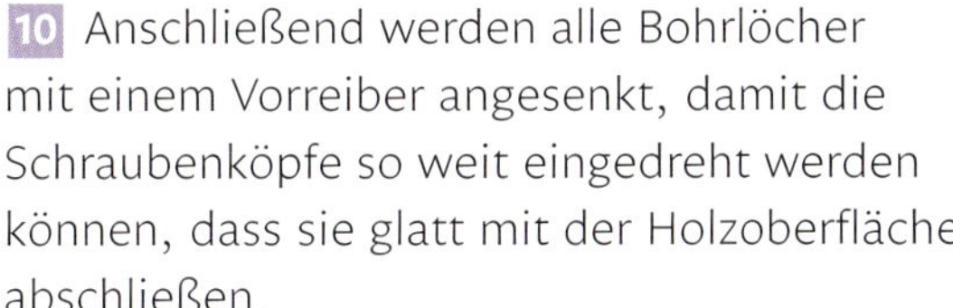

12 Als Letztes schneiden Sie die Armlehnen aus 69 cm langen Rechteckkanthölzern zu. Legen Sie sie dafür in der richtigen Position an die Außenwange und zeichnen Sie an, wo die Lehne schmaler geschnitten werden muss. Ein zweiter Ausschnitt wird für die Seildurchführung gebraucht. Auch die Armlehnen werden mit der Oberfräse an den Kanten abgerundet. Zum Schluss setzen Sie das runde Verstärkungsstück ein und befestigen die Lehne mit einer Sechskantschraube an der Wange.

13 Jetzt kann die Schaukel aufgehängt werden. Entscheiden Sie, in welcher Höhe sie hängen soll und befestigen Sie entsprechend lange Taue mit einfachem Knoten unter den Ösen. Dann umwickeln Sie das Tau auf etwa 3 cm Breite fest mit gewachstem Takelgarn, damit es sich nicht aufdreht. Das Takelgarn selbst verknoten Sie stramm, aber so, dass sich die Wicklung nicht zusammenzieht. Das Garn kurz erhitzen und danach erst das Tau abschneiden.

14 Die Armlehnen liegen vorne auf Stoppern, die aus zwei halbrund ausgesägten Rechtecken aus Eichenholz bestehen; zusammengelegt haben sie ein Loch von 18 mm, in das das Tau eingelegt werden kann. Die beiden Teile werden mit Schrauben und Hutmuttern fest verschraubt.

15 Hängen Sie die Schaukelbank provisorisch an Karabinerhaken auf und probieren Sie, welche Sitzneigung Ihnen gefällt. Dann markieren Sie den Scheitelpunkt des Taus, legen eine Kausche ein und umwickeln das darunter doppelt liegende Tau fest mit Takelgarn. Die entstandene Öse wird jetzt endgültig in den Karabinerhaken eingehängt.

Laubenbank

Einer Einladung in diese Laube ist schwer zu widerstehen. Im Frühling, wenn die Sonne nach draußen lockt und am windgeschützten Platz schon wärmt, im Sommer, wenn Hitze und ein gelegentlicher Regenschauer im luftigen Schatten zum Vergnügen werden oder im Herbst, wenn es ein Genuss ist, noch die letzten schönen Tage im Garten zu verbringen, ist die Bank ein wunderbarer Platz zum Erholen und Entspannen. Und wenn mal die Zeit fehlt, um sich auf ihr niederzulassen, ist auch der Anblick eine wahre Freude.
Suchen Sie den Platz für die Laubenbank sorgfältig aus: Sie sollte einen schönen Blick in den Garten ermöglichen und gleichzeitig vom Haus aus zu sehen sein. So haben Sie doppeltes Vergnügen daran.

Vier Pfosten und ein Dach

Die Laubenbank ist als Rahmenkonstruktion mit je zwei tragenden Pfosten gebaut, die durch drei Querstreben verbunden sind. Durch drei weitere, lange Querstreben entsteht daraus ein U-förmiges Grundgerüst, das

bereits in sich stabil ist, aber mit Dach und Wänden noch an Gewicht und Standfestigkeit gewinnt. Das kleine Bauwerk muss nicht im Boden verankert werden. Als Fundament für die Pfosten reichen exakt waagerecht ausgerichtete Gehwegplatten aus.

Material

Alle Bauteile mit Ausnahme des vorderen Giebels sind aus druckimprägniertem Kiefernholz. Für die Dachschalung und den vorderen Giebel wird 9 mm dickes Birkensperrholz verwendet.

Für das Traggerüst:
- 4 Pfosten (11,5 × 11,5 cm) à 160 cm
- 2 Querstreben unten seitlich (11,5 × 2,4 cm) à 75,6 cm, 2 Querstreben unten hinten (11,5 × 2,4 cm) à 145 cm, 4 Querstreben Mitte und oben seitlich (8 × 2,4 cm) à 75,6 cm, 2 Querstreben Mitte und oben hinten (8 × 2,4 cm) à 145 cm
- 1 waagerechte Abschlussleiste hinten (7 × 2 cm) à 156 cm, 2 waagerechte Abschlussleisten vorn (12 × 2 cm) à 34,5 cm
- 1 waagerechte Blendleiste hinten (8 × 2 cm) à 122 cm

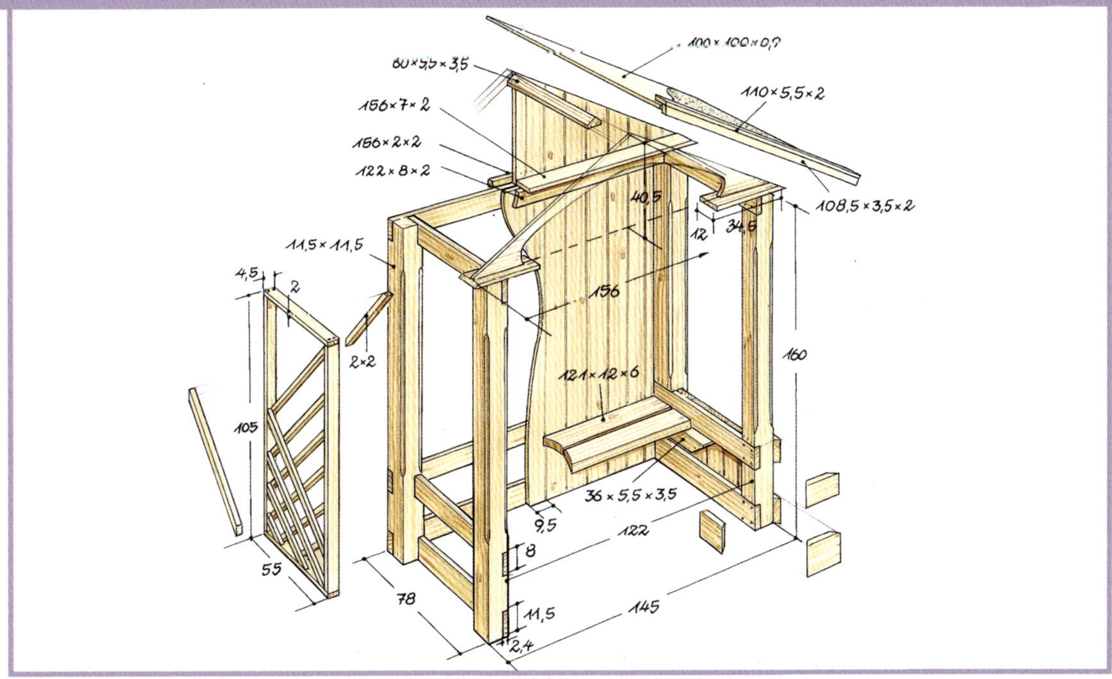

Die Laubenbank könnte tiefer gebaut werden, die Breite sollte aber gleich bleiben.

Für Seiten, Rückwand und Giebel:

Glattkantebretter 9,5 × 2 cm:

- 13 Stück à 160 cm (Rückwand), 12 Stück à 47 cm (Seitenwände), 2 Stück à 5 cm, 2 Stück à 10 cm, 2 Stück à 15 cm, 2 Stück à 20 cm, 2 Stück à 24 cm, 2 Stück à 29 cm, 2 Stück à 34 cm, 1 Stück à 39 cm (alle Giebel hinten), Sperrholzplatte 150 × 40,5 cm (Giebel vorn), 1 Leiste 2 × 2 cm à 156 cm (Giebel hinten waagrecht), 2 Leisten 2 × 2 cm à 89 cm (Giebel hinten schräg)

Für das Dach:

- 2 Stück Birkensperrholz 9 mm à 100 × 100 cm (Schalung), 4 Leisten 3,5 × 2 cm à 108,5 cm (Abschluss Ortgang), 4 Leisten 5,5 × 2 cm à 110 cm (Abschluss Dachfläche), 1 Firstleiste 5,5 × 3,5 cm à 60 cm

Für die Rankgitter:

- 2 Rahmenhölzer 4,5 × 2 cm à 101 cm (senkrecht), 2 Rahmenhölzer 4,5 × 2 cm à 55 cm (waagerecht). 10 Leisten 2 × 2 cm à 74 cm, 4 Leisten 2 × 2 cm à 64 cm, 4 Leisten 2 × 2 cm à 45 cm, 4 Leisten 2 × 2 cm à 26 cm, 4 Stück à 8 cm

Für die Sitzbank:

- 2 Halteleisten 5,5 × 3,5 cm à 36 cm, 3 Bankbohlen 12 × 6 cm à 121 cm

Für die Blenden unten und Mitte:

- Leisten 11,5 × 2 cm für 11 lfd Meter

außerdem:

wasserfester Holzleim, Edelstahlschrauben ca. 160 à 40 × 4 mm, 12 à 100 × 4,5 mm, ca. 100 35er-Stauchkopfnägel, 2 Bitumenbahnen à 100 × 100 cm, Isoliergrund, Wetterschutzfarbe, Bitumenkleber oder Dachpappnägel

Werkzeug

Bohrmaschine mit Bohrern und Schrauberbits, Stichsäge, Handkreissäge, Tischkreissäge, Oberfräse, Schwing- oder Excenterschleifer, Tischlerwinkel, Hammer, Stechbeitel, Pinsel

Schwierigkeitsgrad:

1 Die Pfosten werden zunächst auf Länge geschnitten und dann mit Ausklinkungen versehen, in die Sie die Querstreben einlegen. Zeichnen Sie auf den Pfosten an, wo die Streben eingesetzt werden und stellen Sie die Materialstärke der Streben als Schnitttiefe auf der Handkreissäge ein. Dann setzen Sie mehrere Schnitte im Bereich der Ausklinkung (Abstand etwa 1 cm) und schlagen das Holz dazwischen mit dem Stechbeitel heraus.

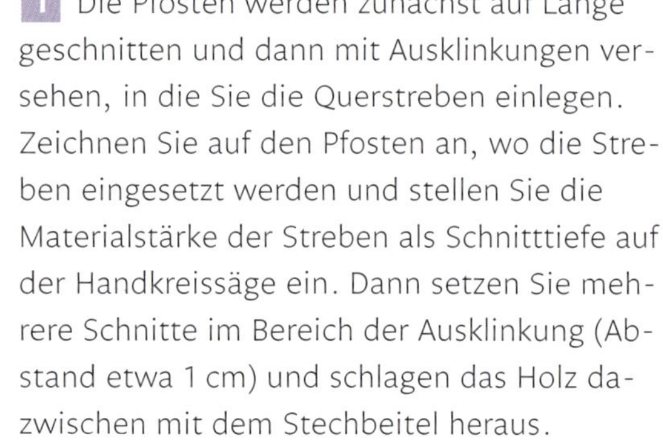

2 Die recht massiven Pfosten können etwas Schmuck vertragen: Zwischen der oberen und der mittleren Querstrebe werden die Kanten mit einem Hohlkehlfräser gebrochen. Legen Sie die Pfosten nebeneinander und zeichnen Sie an, wo die Auskehlungen beginnen und enden sollen.

3 Nun können Sie die Querstreben einsetzen. Bauen Sie erst die Seitenwände aus jeweils zwei Pfosten und drei Querstreben: Die Pfosten auf den Boden legen, Querstreben einsetzen und an jeder Verbindungsstelle mit vier Edelstahlschrauben befestigen; die Schraublöcher werden vorgebohrt, damit das Holz sich nicht spaltet. Anschließend stellen Sie die Wände auf und verbinden sie mit den langen Querstreben. Damit ist der Rohbau fertig.

4 Die Schalbretter für die Rückwand und die Seitenwand-Brüstungen sind bereits auf Länge zugeschnitten und werden jetzt zum Verschrauben vorbereitet. Bohren Sie die Schraublöcher vor und senken Sie sie an; die Schraubenköpfe dürfen nicht nach außen vorstehen, denn sie sollen später unter den Aufdoppelungsbrettern verschwinden.

5 Die Bretter für die Rückwand schrauben Sie von innen, die für die Seitenwände von außen an die Querstreben. Jedes Brett mit etwas Leim und je zwei Schrauben oben und unten befestigen.

6 Die Aufdoppelungsbretter, die an die untere und die mittlere Querstrebe der Seitenwände gesetzt werden, sind an der Oberkante auf 45 Grad abgeschrägt und an den Enden auf Gehrung geschnitten. Die Pfosten werden mit kurzen Stücken eingefasst. Der Schrägschnitt gelingt am besten auf der Tischkreissäge. Bearbeiten Sie am besten mehrere lange Bretter, dann haben Sie genug Material, um daraus die benötigten kurzen Stücke zuzuschneiden.

7 Die Trägerleisten für die Bank werden unterhalb der Aufdoppelungsbretter an die Seitenwände geschraubt. Schrägen Sie sie am vorderen Ende auf 45 Grad ab; dann fallen sie bei der Vorderansicht der Bank weniger auf.

8 Die Bank besteht aus einzelnen Bohlen, die mit je einer langen Schraube an jedem Ende auf die Trägerleisten geschraubt werden. Bohren Sie die Schraublöcher unbedingt vor und senken Sie die Löcher an, damit die Schraubköpfe nicht vorstehen. Die Schrauben, mit denen die Rückwandbretter an der mittleren Querstrebe verschraubt sind, verschwinden so hinter den Bankbohlen.

9 Nun folgen Giebel und Dach. Schneiden Sie die Bretter für das hintere Giebeldreieck grob auf Länge, legen sie zusammen und leimen und nageln Sie rundherum Leisten auf. Dann sägen Sie überstehende Enden bündig mit den Leisten ab.

10 Der vordere Giebel wird aus einer Sperrholzplatte zugeschnitten. Zeichnen Sie das
ganze Giebeldreieck darauf an und markieren
Sie die Punkte, an denen der Bogenausschnitt
enden soll. Dann nehmen Sie eine schmale,
5 mm dicke Holzleiste, bohren an beiden
Enden Löcher und ziehen eine Schnur durch,
mit der Sie die Leiste zum Bogen spannen
können. Wenn die Biegung stimmt, machen
Sie einen Knoten, legen die Leiste auf die
Sperrholzplatte und zeichnen den Bogen
nach.

11 Die beiden Dachflächen brauchen etwas
Unterstützung, damit sie fest verbunden werden können. Diese Funktion übernimmt die
nach beiden Seiten abgeschrägte Firstleiste.
Die beiden Dachflächen stoßen stumpf
zusammen, die Stoßstelle wird später durch
die Dachpappe abgedeckt, die in einem
Stück auf dem Dach verlegt wird.

12 Gittereinsätze in den Seitenwänden
sorgen dafür, dass die Laubenbank luftig
ist und nicht zu massiv wirkt. Die Rahmen
schrauben Sie aus Leisten zusammen.
Auch hier wieder die Löcher für die je zwei
Schrauben pro Ecke vorbohren. Mit einem
Tischlerwinkel überprüfen Sie, ob der Rahmen wirklich rechtwinklig ist.

13 Die Gitterleisten sind an den Enden auf 45 Grad abgeschrägt. Legen Sie die Leisten mit 6 cm breiten Abstandsbrettern unter den Rahmen, zeichnen Sie die Längen an und schneiden sie zu. Für zwei Gitter brauchen Sie von jeder dieser Leisten vier Stück!

14 Die Gitterleisten werden von außen durch den Rahmen festgenagelt. Ist eine Lage fertig, legen Sie die Leisten der zweiten Lage in umgekehrter Richtung auf. Verleimen Sie die Leisten an den Kreuzungspunkten miteinander, damit das Gitter in sich stabil wird.

15 Dann können Sie die Gitter einsetzen und von innen mit den Pfosten verschrauben. Drei Schrauben an jeder Seite reichen aus. Zum Streichen lassen sich die Elemente leicht wieder herausnehmen.

16 Die aus druckimprägniertem Holz gebaute Laubenbank hält Wind und Wetter auch ohne Anstrich stand. Doch in Farbe wirkt sie besser. Hier wurden Rankgitter, Frontgiebel und die Unterseite des Daches weiß gestrichen, Pfosten und Wände blau, die Dachblenden, Aufdoppelungsbretter sowie die Sitzfläche in einem aus Blau und Weiß angemischten helleren Farbton. Wenn Sie mehrere Farbtöne verwenden wollen, streichen Sie so viele Teile wie möglich vor dem Zusammenbau (hier Dach, Frontgiebel und Gitter).

Gartenschrank

Stauraum ist überall willkommen, ob im Haus oder auf der Terrasse. Besonders praktisch sind flache Schränke wie dieser: Er besteht aus einem offenen Mittelstück und schmalen, mit Türen verschlossenen Seitenteilen. Breite und Zahl der angesetzten Seitenteile richten sich nach der verfügbaren Wandfläche. Da die Rückwände fest an der Wand verschraubt sind, ist die eigentlich sehr leichte Konstruktion in jedem Fall standfest.

Wenn ein breiter Dachüberstand vorhanden ist, wird der Schrank direkt darunter gebaut und braucht kein eigenes Dach. Eine Dachfläche wäre aber auch einfach aus Brettern zu bauen. Sie wird mit etwas Gefälle nach vorn aufgeschraubt und wasserdicht abgedeckt.

Wandschrank oder Trennwand

Interessant ist auch die Möglichkeit, den Schrank zwischen zwei aneinandergrenzenden Terrassen als Trennwand aufzubauen. Natürlich nicht über zwei Meter hoch, sondern höchstens 160 bis 180 cm. Die Rückwände würden an Pfosten verschraubt, die solide im Boden verankert und mit einem Sattelbalken verbunden sind.

Als Baumaterial für den Schrank werden gehobelte Glattkantbretter und Dachlatten verwendet. Die Türbreite ist so angegeben, dass Sie dafür zweieinhalb Glattkantbretter nehmen. Durch die unterschiedliche Breite sehen die Fronten interessanter aus.

Nach Maß gemacht: Der Schrank ist so tief wie der Dachüberstand.

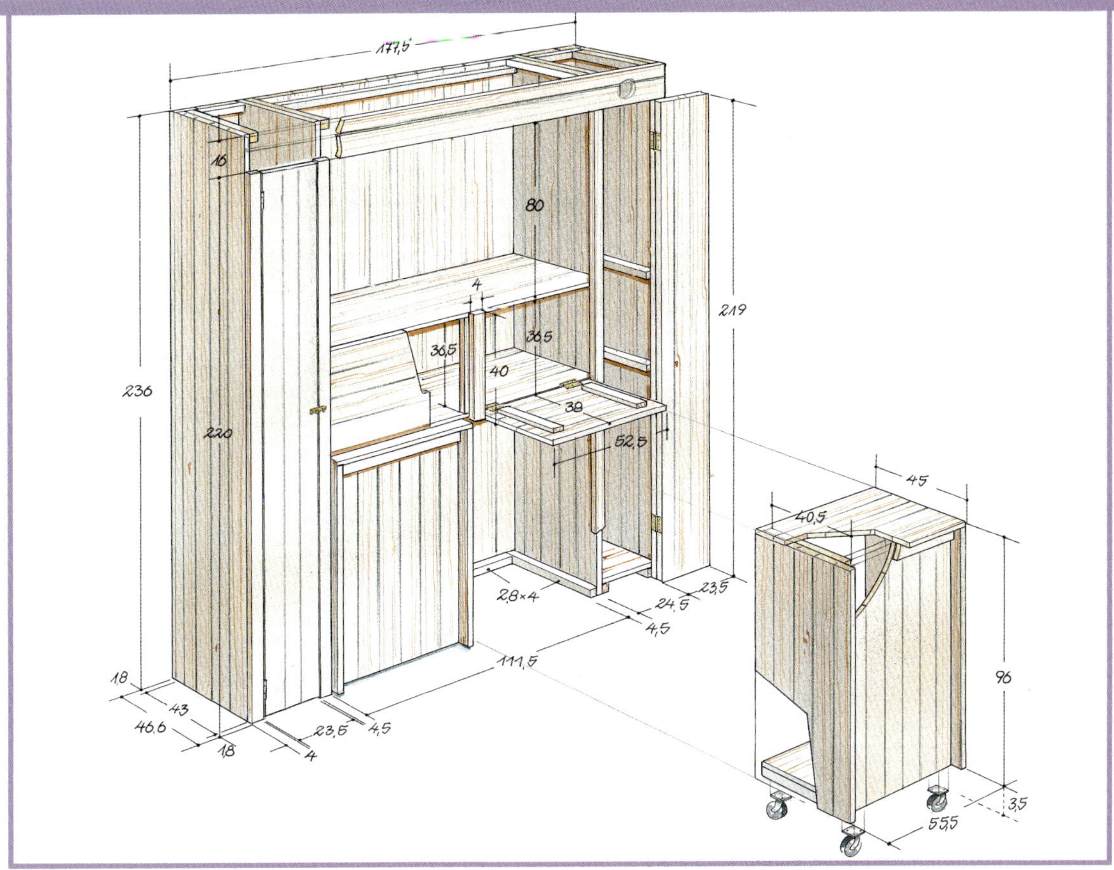

Die Rollcontainer sind praktisch, doch es können auch zwei Türen eingebaut werden.

Material

Für Wände, Türen, Einlegeböden, Blende und Rollcontainer:

- Glattkantbretter Fichte 9 × 1,8 cm
  90 Stück à 240 cm
  Für Anschlagleisten und Querleisten für die Türen sowie Trägerleisten für die Einlegeborde werden Glattkantbretter auf der Tischkreissäge aufgetrennt, sodass Leisten von 4,5 × 1,8 cm zur Verfügung stehen
- Latten 4 × 2,8 cm ca. 18 lfd Meter
  4 Stück à 11,5 cm
  8 Stück à 24,5 cm
  8 Stück à 45 (Container)

außerdem:

- 4 Bockrollen
- 4 Lenkrollen
- Vorreiber (Türverschluss)
- 4 Scharniere
- rostfreie Schrauben
- wasserfester Leim
- Holzschutzgrundierung
- Acryllack

Werkzeug

Bohrmaschine mit Bohrern und Schrauberbits, Bohrständer, Excenterschleifer, Tischkreissäge, Kapp- und Gehrungssäge, Tischlerwinkel, Zollstock, Pinsel

Schwierigkeitsgrad: ▮

1 Winkelgerechte Zuschnitte gelingen am besten mit einer Kapp- und Gehrungssäge. Bevor Sie die Säge einsetzen, rechnen Sie aus, wie viele Bretter, Latten und Leisten Sie in welcher Länge brauchen. Wenn Sie die Längen überall angezeichnet haben, können Sie alle Zuschnitte hintereinander machen.

2 Bei allen Brettern, die nach der Montage nicht mehr zugänglich sind, runden Sie die Kanten gleich nach dem Zuschnitt mit dem Excenterschleifer leicht ab. Das gilt zum Beispiel für alle Böden und Borde.

3 Holz arbeitet bei Temperaturschwankungen. Deshalb verschrauben Sie die Bretter nicht dicht an dicht, sondern mit schmalen Fugen. Distanzklötzchen sorgen für gleiche Abstände, wenn Sie Wände, Türen und Borde aus Brettern und Querleisten zusammenschrauben. Durch die Fugen wird der Schrank auch gut gelüftet und das Holz trocknet schnell, wenn es mal durch Schlagregen nass geworden sein sollte.

4 Bevor Sie die Schrankseiten und Schrank-
rückwand miteinander verschrauben, bestreichen Sie alle Kontaktflächen mit wasserfestem
Leim. So entstehen stabile Winkelelemente,
die Sie später links und rechts an das Mittelstück ansetzen. Die Querleisten der Rückwand springen sowohl beim Schrankmittelteil
als auch bei den beiden angesetzten Winkel-
elementen um 4,6 cm zurück, sodass die
Innen- bzw. Seitenwände eingesetzt werden
können.

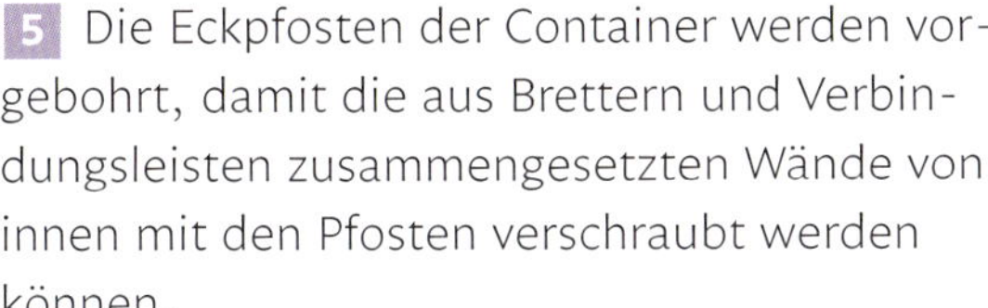

5 Die Eckpfosten der Container werden vorgebohrt, damit die aus Brettern und Verbindungsleisten zusammengesetzten Wände von
innen mit den Pfosten verschraubt werden
können.

6 Die Rückwand des Containers wird an
eine Leiste geschraubt, die stumpf mit den
beiden Verbindungsleisten der Seitenwände
verbunden ist. Hier sind die Rückwandbretter
mit Distanzklötzchen als Zwischenlage noch
mit Schraubzwingen zusammengespannt.

7 Wenn Sie die einzelnen Module des Schrankes fertiggestellt haben, richten Sie die Rückwand mit etwas Abstand von der Hauswand lotrecht aus und bohren durch die Querleisten an vier Punkten bis ins Mauerwerk. Dann nehmen Sie die Wand noch einmal ab, setzen Dübel und schrauben die Wand endgültig fest. Wenn Sie den Schrank als Trennwand bauen, verschrauben Sie die Rückwand an den Querleisten zwischen den Pfosten. Anschließend setzen Sie die Innenwände des Schrankes an.

8 Die Winkelelemente mit den Schrankaußenwänden werden auf die gleiche Weise vor der Fassade befestigt wie zuvor die Rückwand. Die Böden im Mittelfach des Schrankes bauen Sie noch nicht im Voraus zusammen. Legen Sie die Bretter einzeln (mit Abstandsklötzchen) ein und verschrauben Sie sie mit den Trageleisten. Auf diese Weise bekommt der Schrank Stabilität.

9 Anschließend befestigen Sie die Klappen vor den Mittelfächern mit Scharnieren. Ketten links und rechts halten sie im geöffneten Zustand in der Waagerechten. Die Ketten hängen in Schraubösen. Befestigen Sie diese an der Vorderkante der Klappe auf der einen und unter dem Einlegebord auf der anderen Seite. Wenn Sie Scharniere nehmen, die einen herausziehbaren Dorn anstelle einer festen Scharnierachse haben, können Sie die Klappen später leicht abnehmen.

Gerätehaus

In jedem Garten gibt es eine Menge Dinge, für die im Keller oder der Garage kein Platz ist. Wohin zum Beispiel mit Schubkarre und Streuwagen, Säcken mit Blumenerde, Schilfmatten und Noppenfolie, leeren Pflanzkübeln, Eimern oder Wannen? Die übliche Lösung für dieses Problem ist ein mehr oder weniger praktisches Gerätehaus aus dem Baumarkt. Viel interessanter ist jedoch dieser stabile selbstgebaute Unterstand, der ganz ohne Türen auskommt. Dadurch ist er schön einfach zu bauen und hat einen Innenraum, der viel besser zugänglich ist als der von vergleichbar großen geschlossenen Häuschen.

Viel Platz unter großem Dach

Der Unterstand wird am besten so ausgerichtet, dass beim Blick in den Garten nur eine geschlossene Seite zu sehen ist, und die Öffnung entgegengesetzt zur Hauptwindrichtung liegt. So reicht der große Dachüberstand als Schutz gegen Schlagregen aus. Unter dem seitlichen Überstand ist Platz für eine schmale Bank oder Kübelpflanzen, die Regenschutz brauchen.

Der Innenraum des Gerätehauses ist weiß lackiert und hat einen gepflasterten Boden.

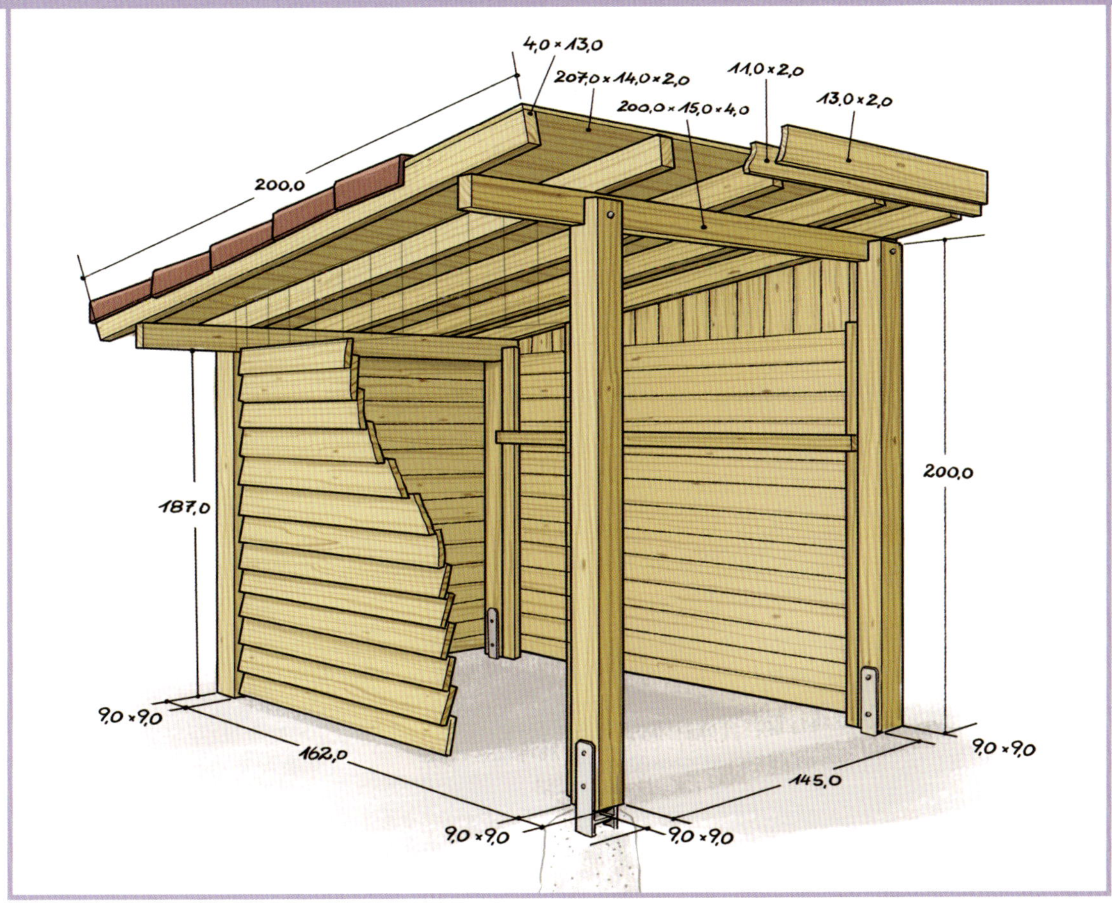

Die Abmessungen des Schuppens können je nach Platz, der zur Verfügung steht, verändert werden.

Material

Für das Gerüst:
- 4 Pfosten 9 × 9 × 240 cm
- 2 Tragbalken 4 × 14 × 200 cm

Für die Wände:
- 4 Dachlatten 3,5 × 5,5 × 400 cm
- 30 Bretter 2 × 14,5 × 360 cm

Für das Dach:
- 5 Pfetten 4 × 12 × 200 cm
- 5 qm Rauspund-Bretter 1,9 × 9,6 × 210 cm
- als Dacheindeckung ca. 5 qm Dachpfannen, Teerpappe plus Bitumenschindeln oder Dachplatten

außerdem:
- 10 Sparrenpfettenanker
- 4 Pfostenanker
- 4 Schlossschrauben
- Tackerklammern oder Nägel, Schrauben
- für den Außenanstrich deckende Holzschutzfarbe für zweimaligen Auftrag
- für den Innenanstrich Holzschutzlasur

Werkzeug

Bohrmaschine mit Bohrern und Schrauberbits, Kapp- und Gehrungssäge, Tacker, Stechbeitel, Gummihammer, Maulschlüssel, Schraubzwingen, Pinsel

Schwierigkeitsgrad: ▮

1 Wenn der Platz für den Unterstand gefunden ist, schlagen Sie Pflöcke an den vier Ecken ein und spannen Sie Richtschnüre. Die jeweils gegenüberliegenden Seiten sowie die Diagonalen müssen gleich lang sein. Danach graben Sie die Löcher für die Pfosten; als Verankerung sind fertig gekaufte oder selbst gegossene Punktfundamente aus Beton geeignet, in die Pfostenschuhe aus Metall eingelassen werden. Die Pfosten in den Schuhen ausrichten, bis zum Aushärten des Betons mit Latten fixieren.

2 Mit der Kappsäge lassen sich die Pfosten exakt auf Länge schneiden; gebraucht werden vier Pfosten: zwei mit 187 cm und zwei mit 200 cm. Sie werden am oberen Ende in Tragbalkenstärke ausgeklinkt, damit die Balken eine gute Auflage haben. Schneiden Sie den Pfosten **4** cm tief ein und schlagen Sie das Stück dann von oben mit einem Stechbeitel heraus.

3 Die Ausklinkungen weisen zur Innenseite des künftigen Raumes. Legen Sie die Tragbalken ein, prüfen Sie die Überstände an beiden Seiten und bohren Sie durch Pfosten und Balken. Setzen Sie die Schlossschrauben ein und ziehen Sie sie fest.

4 Die beiden äußeren Pfetten schließen mit den Enden der Tragbalken ab, die drei inneren werden mit gleichmäßigen Abständen auf die verbleibende Länge verteilt. Für eine feste Verbindung sorgen Sparrenpfettenanker, also Metallbeschläge, die extra für diesen Zweck gedacht sind.

5 Die Konstruktion steht, jetzt kommen Wände und Dach. Für die Wandverbretterung schrauben Sie Dachlatten an die Pfosten. Sie sollen mit der Innenkante der Pfosten bündig sein, sodass die Bretter genau zwischen den Pfosten sitzen.

6 Die Bretter werden von unten nach oben überlappend angebracht. Das sieht gut aus, ist vor allem aber als konstruktiver Holzschutz sinnvoll. Es ergeben sich so nämlich keine Fugen, in denen sich Wasser sammeln und das Holz angreifen kann.

7 Die Bretter liegen nur oben an der Dach-latte an. Sie werden angenagelt, am besten und schnellsten mit einem Nagler oder Tacker mit langen Klammern.

8 Das letzte Wandstück schließen Sie mit längs angebrachten Brettern. Schneiden Sie die Stücke grob auf Länge und nageln Sie sie an der Pfette an. Die überstehenden Enden schneiden Sie anschließend mit der Kreissäge bündig mit der Pfettenkante ab.

9 Als Dachfläche eignen sich Nut- und Federbretter, sogenannter Rauspund, sehr gut. Die auf gleiche Länge geschnittenen Bretter werden ineinander gesteckt und auf die Pfetten genagelt. Als Abschluss bringen Sie Blendbretter an der Vorder- und der Rückseite des Daches an und decken das Dach mit Ziegeln, Bitumenschindeln oder Dachplatten.

10 Der Geräteschuppen braucht eigentlich keinen Anstrich, doch als Hintergrund für ein Blumenbeet sieht er in Farbe einfach viel schöner aus.

Ob Pflaumenblau, Bordeauxrot, Cremegelb oder Lindgrün: Viele Hersteller bieten Wetterschutzfarben an, die untereinander mischbar sind, sodass jeder Farbton möglich ist. In der Regel wird zweimal gestrichen: Der erste Anstrich deckt bereits, aber erst der zweite schafft eine schön glatte, seidig glänzende Oberfläche.

Baumhaus

Nur ein paar Meter über dem Boden, und doch ganz weit weg: Ein Baumhaus ist der Traum aller Kinder (und vieler Erwachsener). Hier oben herrschen andere Regeln, hier haben sie das Sagen und den großen Über-blick, können bestimmen, wer eintreten darf und wer draußen bleibt. Ob Ritterburg oder Hochseedampfer, Kuschelhöhle oder Treff-punkt für die besten Freunde; an diesem Ort ist alles möglich.

Dass in den meisten Gärten der Baum zum Hausbau fehlt, macht nichts. Dieses Haus steht sehr fest auf drei Stelzen und wenn es in einer Gartenecke zwischen Baumkronen aufgestellt wird, vermittelt es das richtige Baumhaus-Gefühl.

Wie aus dem Boden gewachsen

Mit seinen schrägen Beinen und gerundeten Wänden sieht das Haus aus wie ein interes-santes Gewächs. Dabei ist es natürlich abso-lut stabil und so tragfest, dass auch Erwach-sene es sich darin mal gemütlich machen können.

Lärche Natur oder leuchtend Rot. Das Baumhaus ist leicht zu verkleiden.

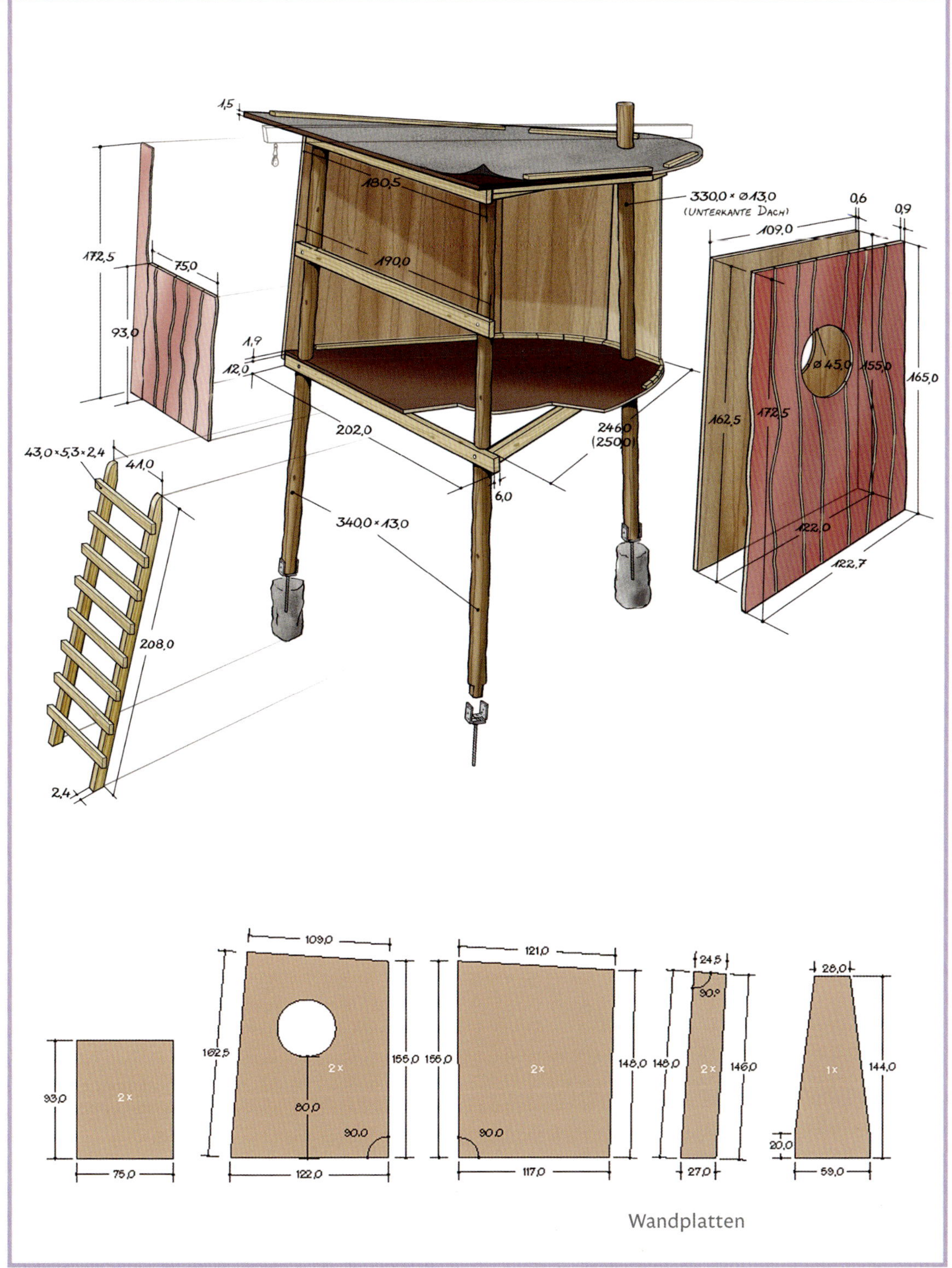

Auf drei Beinen steht das Haus sehr stabil. Die Pfosten stehen in einbetonierten Schuhen.

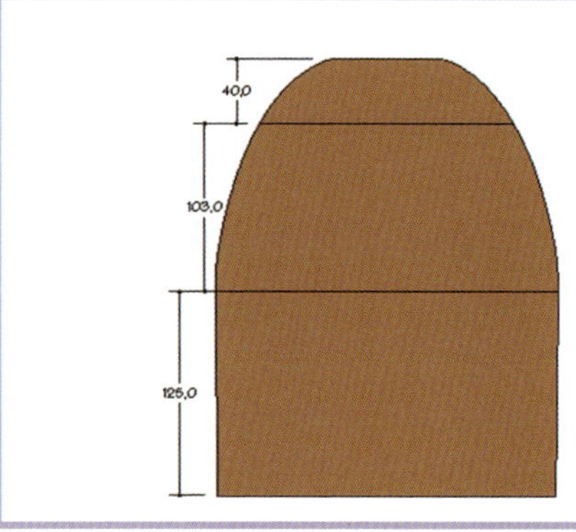
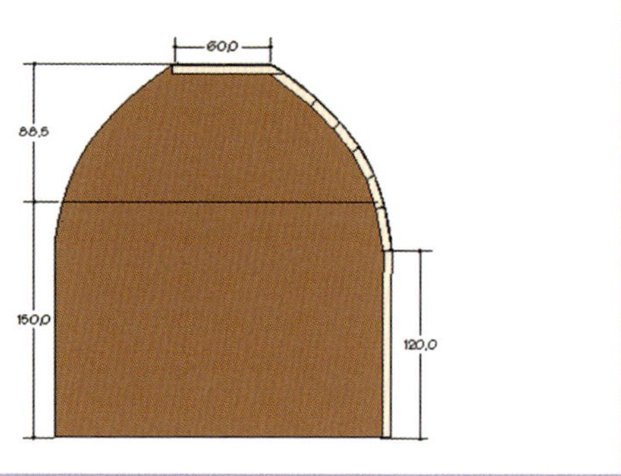

Schneiden Sie Dach- (links) und Bodenplatten (rechts) genau zu, damit am Ende alles zusammenpasst.

Material

- Rundhölzer 140 mm Durchmesser
  3 Stück à 400 cm
- Karosseriebauplatte 15 mm
  2 Stück à 250 × 150 cm
- Karosseriebauplatte 18/19 mm
  2 Stück à 250 × 125 cm
- Konstruktionshölzer 6 × 12 cm
  16 lfd. Meter
- Industriesperrholzplatten 6 mm
  4 Stück à 244 × 122 cm
- Koski-Dekor-Platten 9 mm
  4 Stück 300 × 150 cm
  oder
- Lärchenholzbretter 2,4 × 18/20 cm
  60 lfd. Meter

außerdem:

3 verstellbare Pfostenschuhe, Holzschrauben, Sechskantholzschrauben, Teerpappe, Beton, Holzschutzmittel, 3 Dachlatten à 300 cm, farbloser Lack

Werkzeug

Bohrmaschine mit Bohrern, Fuchsschwanz, Feinsäge, Handkreissäge, Stichsäge, Schraubenschlüssel oder Knarre, Stechbeitel, Klopfholz, Handhobel oder Bandschleifer, Schleifklotz und Schleifpapier, Schraubzwingen, Gelenk-Wasserwaage, Tischlerwinkel, Zollstock, Pinsel

Schwierigkeitsgrad: ■

1 Das Gerüst des Hauses wird am Boden vorbereitet. Zuerst legen Sie die beiden vorderen Pfosten im richtigen Abstand aus und schrauben eine Dachlatte von unten dagegen. So bleibt der Abstand während der folgenden Arbeiten erhalten. Drücken Sie die Pfosten jetzt leicht gegeneinander. Sie sollen mit einer Neigung von 5 Grad von der Senkrechten abweichen. Mit Hilfe einer Gelenk-Wasserwaage können Sie diesen Winkel genau einstellen.

2 Vom Fußpunkt der Pfosten messen Sie ab, wo der untere Querriegel liegen muss, legen ihn auf und markieren die Position mit zwei Strichen. Vom oberen Strich ausgehend messen Sie die Lage des mittleren Riegels, zeichnen wieder an und markieren von diesem ausgehend schließlich die Lage des dritten Querriegels.

3 Es muss nicht nur angezeichnet werden, wo die Ausklinkungen für die Querriegel ausgearbeitet werden müssen, sondern auch, wie tief sie sein sollen. Legen Sie den Querriegel dafür auf den Pfosten, halten ein Stück Dachlatten flach darunter und ziehen unter der Unterkante am Pfosten einen Strich.

4 Dann machen Sie die beiden äußeren Einschnitte für die Ausklinkung. Mit dem elektrischen Fuchsschwanz geht das besonders leicht und präzise, aber ein handgeführter Fuchsschwanz geht natürlich auch. Sägen Sie den Pfosten auch zwischen diesen beiden Schnitten noch einige Male ein, denn dann lässt sich das Holz leichter herausschlagen.

5 Die Ausklinkung wird mit einem Stech-beitel und Klopfholz ausgearbeitet. Schlagen Sie das Abfallholz nur bis zur Mitte heraus und setzen Sie dann von der anderen Seite an. So bekommen Sie eine Ausklinkung, die von beiden Seiten die richtige Tiefe hat. Anschließend tränken Sie alle Schnittflächen satt mit Holzschutzmittel.

6 Bevor Sie die Querriegel einlegen und verschrauben, fasen Sie die Kanten mit einem Bandschleifer oder Handhobel sorgfältig an. An scharfen Kanten können Kinder sich all-zuleicht verletzen. Bohren Sie zunächst mit dem Forstnerbohrer ein Sackloch mit 40 mm Durchmesser; es soll so tief sein, dass Schrau-benkopf mit Unterlegscheibe darin flächen-bündig eingesenkt werden können. Dann durchbohren Sie den Riegel im Schrauben-durchmesser.

7 Schlagen Sie die Sechskantholzschrauben mit ein paar Hammerschlägen ein und drehen Sie sie dann mit einem Schraubenschlüssel oder einer Knarre fest. Der Kopf darf nicht mehr überstehen.

8 Auf diese Weise entsteht der in sich stabile, aber noch nicht drehsteife vordere Tragrahmen. Die Aussteifung ergibt sich später, wenn die Pfosten in den Boden einbetoniert sind.

9 Nun beginnt die Montage. Der vordere Tragrahmen wird um 5 Grad nach hinten geneigt aufgestellt und in dieser Position mit Dachlatten gesichert. Befestigen Sie die Latten mit Schraubzwingen an den Pfosten.

10 Der dritte Pfosten steht senkrecht. Um die richtige Position zu finden, zeichnen Sie den Abstand zu den vorderen Pfosten auf zwei Hilfslatten an und nutzen sie als Maß. Wenn der Pfosten (von einem Helfer gehalten) steht, schrauben Sie eine dritte Latte als Anschlag auf die beiden schrägen Stützen und verschrauben die beiden markierten Latten provisorisch zwischen Einzelpfosten und vorderem Rahmen.

11 Schneiden Sie die beiden Längsriegel, die den vorderen Rahmen fest mit dem hinteren Pfosten verbinden werden, erst jetzt auf Länge. Nehmen Sie das Maß dafür am Gerüst. Beim Ausmessen können Sie noch einmal kontrollieren, ob der hintere Pfosten richtig steht: Die Riegel müssen die gleiche Länge haben.

12 Auch für die Längsriegel werden die Pfosten etwas ausgeklinkt. Legen Sie die Riegel einmal an, richten Sie sie mit Hilfe der Wasserwaage genau aus – sie müssen ein leichtes Gefälle nach hinten haben – und fixieren sie mit Schraubzwingen. Dann zeichnen Sie die obere und die untere Kante mit Strichen an den Pfosten an, arbeiten die Ausklinkung aus und bohren die Riegel, so wie beim vorderen Tragrahmen gezeigt, vor.

13 Die Sechskantholzschrauben werden wieder mit dem Hammer ein Stück eingeschlagen, dann mit Schraubenschlüssel oder Knarre soweit eingedreht, bis der Schraubenkopf nicht mehr übersteht.

14 Der Boden besteht aus zwei Platten. Die Erste liegt bündig auf dem vorderen Querriegel und den beiden Längsriegeln. Legen Sie sie provisorisch auf und zeichnen Sie an, wo die Ausschnitte für die Pfosten gemacht werden müssen. Benutzen Sie beim Anzeichnen einen Tischlerwinkel.

15 Die hintere Bodenplatte bekommt einen Ausschnitt für den Einzelpfosten. Zum Anzeichnen legen Sie sie auf die Längsriegel und die vordere Platte. Denken Sie daran, bei der Länge des Ausschnittes den Überstand der Platten zu berücksichtigen. Zum Aussägen der Ausschnitte nehmen Sie die Platten wieder herunter.

16 Nun werden die Platten aufgeschraubt. Verwenden Sie verzinkte Mehrzweck- oder Edelstahlschrauben; sie ziehen die Platte noch besser ans Holz, wenn Sie die Schraublöcher im Schaftdurchmesser vorbohren. Erst schneiden Sie sie in Form: Zeichnen Sie die Form entsprechend den Maßen in der Zeichnung auf; die Rundungen gelingen mit Hilfe einer biegsamen Leiste gut. Zum Aussägen nehmen Sie die Stichsäge.

17 Die oberen Längsriegel werden genauso angebracht wie die unteren. Dann sägen Sie die vorderen Pfosten bündig mit den Riegeln ab und bringen die Dachplatten an. Das Haus ist jetzt stabil und lässt sich zu dritt tragen. Markieren Sie die Punkte für die Fundamente, setzen Sie das Haus zur Seite und graben Sie die Löcher. Dann stellen Sie es zurück, wobei Sie es mit Hilfslatten so abstützen, dass die Pfosten frei über den Löchern stehen. Bringen Sie die Pfostenanker an und gießen Sie die Fundamente.

18 Das Dach wird mit Teerpappe wasserdicht abgedeckt. Nageln Sie rund herum einen Kranz von Dachlatten auf. Um den Rundungen folgen zu können, müssen Sie etwas stückeln. Am tiefsten Punkt des Daches bleiben etwa 5 cm frei, damit das Regenwasser ablaufen kann.

19 Schneiden Sie die Sperrholzplatten für die Wände zu und legen Sie sie als Schablone auf die Dekor-Platten. Die Dekor-Platten sollen am unteren Ende etwa 10 cm länger sein; als Maß kann ein Richtscheit dienen. Mit einem weißen Filzstift oder Kreide sind die Markierungen auf der farbigen Platte gut sichtbar. Schneiden Sie die Dekor-Platten zu.

20 Frei Hand zeichnen Sie nun von oben nach unten geschwungene Linien auf die Dekor-Platte. An den Enden sollen die Segmente mindestens 10 cm breit sein. Anschließend schneiden Sie die Streifen mit der Stichsäge zu, schleifen und brechen die Kanten und versiegeln sie mit Lack. Zwei satte Anstriche sind nötig, um einen guten Schutz zu erreichen.

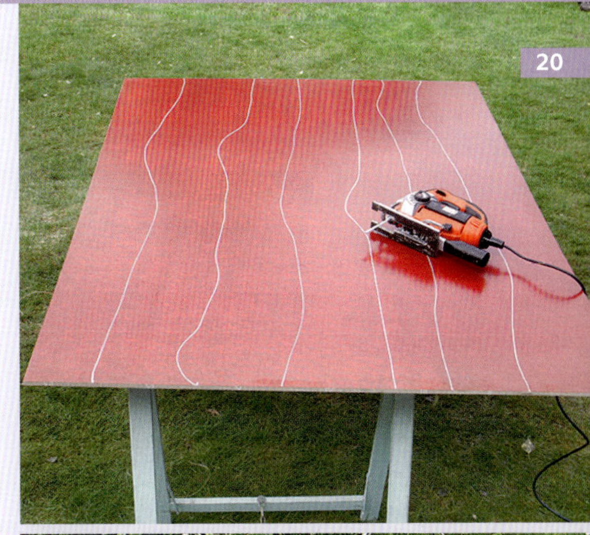

21 Die Sperrholzplatten für die Wände sind zwar handlich, doch um sie passgenau anzubringen, sollten Sie mindestens einen Helfer haben, der die Platte unten hält, bis sie festgeschraubt ist.

22 Es ist nicht ganz leicht, am hinteren Pfosten die Rundung hinzubekommen. Halten Sie die vorgeschnittenen Stücke zunächst an und prüfen Sie, ob sie passen. Es könnte sein, dass Sie etwas korrigieren und nachschneiden müssen.

23 Wenn alle Wandplatten angebracht sind, schrauben Sie die Verkleidung auf. Befestigen Sie jedes der Segmente unten und oben mit zwei Schrauben und lassen Sie 15 bis 20 mm Abstand zwischen den Streifen. Die Schrauben werden flächenbündig eingedreht.

24 Für den runden Fensterausschnitt fertigen Sie sich aus einer Holzleiste, einem Nagel und einem Bleistift einen Zirkel mit 20 cm Radius. Zeichnen Sie damit an der gewünschten Stelle einen Kreis auf der Innenseite der Wand an.

25 Der Ausschnitt wird von der Innenseite her ausgesägt. Bohren Sie zunächst innerhalb des Kreises ein Loch, um das Stichsägeblatt einführen zu können und sägen Sie dann beide Lagen Holz mit einem extralangen Blatt durch. Anschließend schleifen und brechen Sie die Kanten und versiegeln sie mit Lack.

Für Kletterkünstler und Geschichtenerzähler ▶ ist das Baumhaus ein Traum.

26 Wenn Sie eine feste Leiter anbringen wollen, sollten Sie sie im Boden verankern und am unteren Querriegel des Hauses verschrauben. Schaukel oder Strickleiter werden mit kräftigen Schraubösen angebracht. Der lange Tragarm mit Flaschenzug, der auf dem Bild Seite 114 zu sehen ist, liegt auf dem Dach und ist mit dem hinteren Pfosten verschraubt.

Adressen, die Ihnen weiterhelfen

Die meisten Materialien zu den vorgestellten Holzprojekten erhalten Sie in gängigen Baumärkten oder im Holzfachhandel. Eine Auswahl an Anbietern im Bereich Holz, Holzschutzmittel und Farbe stelle ich Ihnen im Folgenden vor:

AURO Pflanzenchemie Aktiengesellschaft
Alte Frankfurter Str. 211
38122 Braunschweig
Tel.: 0 53 1 / 28 14 10
www.auro.de
(Naturfarben und Holzschutz)

Akzo Nobel Deco GmbH
Düsseldorfer Str. 96 -100
40721 Hilden
Tel.:0 21 03 / 20 58 00
www.xyladecor.de
(Xyladecor, Holzschutz)

BM MASSIVHOLZ GMBH
Poststr. 10
97647 Nordheim/Rhön
Tel.: 0 97 79 / 81 05 0
www.bm-massivholz.de

ESPEN AG
Berner Str. 97
60437 Frankfurt
Tel.: 0 69 / 90 50 58 50
www.espen.de

Natural-Farben
Lipfert u. Co. e.K.
Wöhrdstr. 44
96215 Lichtenfels
Tel.: 0 49 / 0 95 71 36 16
www.natural-farben.de

Osmo Holz und Color GmbH & Co. KG
Affhüppen Esch 12
48231 Warendorf
Tel.: 0 25 81 / 92 21 00
www.osmo.de

weka Holzbau GmbH
Johannesstr. 16
17034 Neubrandenburg
Tel.: 0 39 5 / 42 90 80
www.weka-holzbau.com

Woodline
Gewerbestr. 19
79219 Staufen
Tel.: 0 76 33 / 95 36 81
www.woodline.de

WERTHOLZ Holding GmbH
Kreuzweg 15
A-9300 St. Veit a. d. Glan
Tel.: (00) 43 42 57 / 45 30 11
www.wertholz.com

Glossar

Anfasen: Anschrägen einer Kante.

Auskehlung: halbrunde oder rinnenförmige Vertiefung.

Ausklinkung: Ausschnitt in einem Bauteil, in den ein zweites eingepasst wird.

Beschläge: Sammelbezeichnung für Metallteile, mit denen Holzbauteile fest oder beweglich verbunden werden, z. B. Winkel, Scharniere.

Bitumenschindel: Schindel aus bitumenbeschichteter Dachpappe.

Bohrständer: Halterung für die Bohrmaschine, die am Werktisch befestigt ist. Hilfsmittel für präzise Bohrungen.

Brettschichtholz: Holz, das aus mindestens drei in gleicher Faserrichtung verleimten Brettern besteht. Es ist formstabiler als Massivholz.

Dübelmarker: Metallscheiben mit Spitze, die in Bohrungen eingesetzt werden können, um Bohrpunkte exakt auf ein anderes Bauteil zu übertragen.

FSC-Zertifikat: Zertifikat des Forest Stewardship Council, mit dem die Herkunft eines Holzes aus kontrollierter, ökologisch angepasster, nachhaltiger Forstwirtschaft bestätigt wird. Die Kriterien des FSC beziehen sich auch auf alle Stationen von Verarbeitung und Handel mit Holz.

Gehrungslade: U-förmiges Gestell aus Holz oder Metall mit Schlitzen in verschiedenen Winkeln, die als Führung für das Sägeblatt einer Handsäge dienen. Sie ermöglicht präzise Schnitte im 90° oder 45°-Winkel.

Gerbstoffe: pflanzliche Säuren, die das damit ausgestattete Gewebe gegen Mikroorganismen sowie Schädlingsbefall schützen.

Hirnholz: quer zur Faser geschnittenes Holz.

Kernholz: Holz im Kern des Stammes, dessen Gewebe nur noch der Festigung des Stammes dient und nicht mehr in den Stoffkreislauf eingeschlossen ist. Eingelagerte Harze, Fette und Lignine geben ihm besondere Festigkeit.

Kesseldruckimprägnierung: Imprägnierung von Holz mit Imprägniersalzlösungen, die unter Druck und damit besonders tief eingebracht werden.

Klöpfel: Schlagwerkzeug mit Holzkopf.

Lignin: organische Substanz, die in Pflanzenzellen eingelagert wird und für Festigkeit sorgt.

Lochsäge: Vorsatz für die Bohrmaschine, in den kreisrunde Sägeblätter unterschiedlicher Größe eingesetzt werden können.

Maulschlüssel: vorne offener Schraubenschlüssel für Vier- und Sechskantschrauben.

Myzel: Wurzelgeflecht von Pilzen.

Nut- und Federbretter: Bretter, die an einer Schmalseite mit einer Nut und an der anderen mit einer Feder versehen sind und zu Flächen zusammengesteckt werden können.

Pfette: parallel zu Dachfirst und Traufe verlaufender Balken im Dachstuhl, der die Sparren unterstützt.

Planke: Brett, Diele

PU-Leim: Polyurethan-Leim, sehr wasserfester lösungsmittelfreier Einkomponenten-Leim, der nicht nur Holz, sondern nahezu alle Materialien klebt. Der Reaktionsklebstoff härtet mit Hilfe von Feuchtigkeit aus und ist in flüssigem Zustand gesundheitsgefährdend. Er sollte deshalb nur mit Handschuhen verarbeitet werden.

Rundungsfräser: Vorsatz für die Oberfräse zum Rundschneiden von Kanten.

Sackloch: Bohrloch, das das Werkstück nicht ganz durchdringt.

Sattelbalken: waagerecht auf mindestens zwei Pfosten liegender Balken.

Schlossschraube: Schraube mit Flachrundkopf und metrischem Gewinde. Zusammen mit einer Mutter wird sie als Verbindungselement verwendet.

Schlüsselschraube: Sechskantholzschraube, die mit einem Schraubenschlüssel ins Holz eingedreht wird.

Schraubzwinge: Zwinge, deren Backen mit einer Schraubspindel zusammengepresst werden.

Sparren, **Dachsparren**: vom First zum Rand des Daches verlaufender Balken im Dachstuhl.

Stechbeitel, **Stecheisen**: meißelartiges Werkzeug mit gerader, einseitig abgeschrägter Schneide

Stellwinkel: in verschiedenen Winkeln feststellbarer Winkel.

Tauchimprägnierung: Methode der Holz-Imprägnierung, bei der man Bretter, Pfosten u.ä. in Becken mit Imprägniersalzlösung einlegt.

Tischlerwinkel: feststehender 90°-Winkel, meist mit einem dickeren Schenkel aus Holz- und einem dünneren aus Metall.

Verrottung: Zersetzung von organischem Material wie Holz durch tierische und pflanzliche Organismen.

Über die Autorin

Nach Germanistikstudium, Volontariat und einigen Jahren als Redakteurin bei verschiedenen Tageszeitungen und Verlagen ist **Evamarie Stade** ihren Neigungen folgend im Garten angekommen; zunächst theoretisch mit ein paar Semestern Biologie, dann praktisch im eigenen Garten und seit 1985 als Fach-Redakteurin bei der Zeitschrift »Selbermachen«. Dort ist sie für den Bereich Garten zuständig.

Bibliographische Information der Deutschen Nationalbibliothek

Die Deutsche Nationalbibliothek verzeichnet diese Publikation in der Deutschen Nationalbibliographie; detaillierte bibliographische Daten sind im Internet über http://dnb.d-nb.de abrufbar.

BLV Buchverlag GmbH & Co. KG
80797 München

Bildnachweis:

Fotos:
Borstell: 1, 6
Jahreszeiten Verlag Syndication/A. Ahrens: 102–107
Jahreszeiten Verlag Syndication/C. Bordes: 40–47, 108

Jahreszeiten Verlag Syndication/G. Caspersen: 5mo, 48, 53
Jahreszeiten Verlag Syndication/C. Lambertsen: 5mu, 5u, 34–39, 76–85, 86–93, 96–101, 114–125
Jahreszeiten Verlag Syndication/M. Moog: 26–33
Jahreszeiten Verlag Syndication/Pape, Laatzen, Vormann: 4u, 18–23
Jahreszeiten Verlag Syndication/J. Staben: 17, 110–113
Jahreszeiten Verlag Syndication/P. Stange: 50–52
Redeleit: 2/3, 4mo, 4mu, 8, 10, 11, 12, 13, 14, 15, 16, 24/25, 54–61, 62–67, 68–75
Strauß: 4o, 7, 9

Grafiken:
Jahreszeiten Verlag Syndication/T. Straszburger: 5o, 27, 35, 41, 77, 78, 81, 82, 87, 95, 103, 115, 116
T.Straszburger: 49, 55, 63, 69, 109

Umschlagfotos: Jahreszeiten Verlag Syndication/ C. Lambertsen

Lektorat: Daniela Luginsland
Herstellung: Hermann Maxant
Satz: Uhl + Massopust, Aalen

Gedruckt auf chlorfrei gebleichtem Papier

Printed in Germany
ISBN 978-3-8354-0366-6

Marke Eigenbau: Heimwerken im Garten

Eva Ott
Bauen mit Stein und Holz
Attraktive Projekte für den Garten selbst bauen: Wege, Sitzplätze, Treppen, Mauern, Sichtschutz, Rankgerüste · Auch für handwerklich weniger versierte Gartenbesitzer geeignet · Planen, entwerfen, vorbereiten – und ausführliche Praxis-Anleitungen für alle Arbeitsphasen.
ISBN 978-3-8354-0622-3

Bücher fürs Leben.